RECUEIL
DE MÉMOIRES
RELATIFS
A L'EMPLOI DU SEL MARIN
EN AGRICULTURE.

PARIS,
IMPRIMERIE ET LIBRAIRIE D'AGRICULTURE ET D'HORTICULTURE
DE Mme Ve BOUCHARD-HUZARD,
5, RUE DE L'ÉPERON.

1849

AVERTISSEMENT.

La Société nationale et centrale d'agriculture s'est occupé en avril 1849, sur l'initiative du ministre, dans les attributions duquel elle se trouve, de la question relative à l'emploi du sel en agriculture. Deux mémoires renfermant des documents recueillis en Angleterre et nullement favorables à cet emploi ont été communiqués à la Société par un de ses membres; une discussion s'est aussitôt engagée, et j'ai cru devoir combattre, dans un mémoire et deux répliques, ces documents, qui n'ont aucune valeur scientifique et ne peuvent servir en rien à éclairer la question.

Désirant éclairer l'opinion sur le rôle que peut jouer le sel marin comme engrais inorganique, j'ai déjà publié, à cette occasion, deux mémoires et un traité des engrais inorganiques; je continuerai mes travaux dans le même but jusqu'à ce que la question soit complétement résolue.

J'ai pensé qu'il y aurait utilité à réunir tous mes mémoires et à y joindre deux autres mémoires sur le même sujet, ayant également un caractère scientifique, l'un de M. Bouchardat, pharmacien en chef de l'Hôtel-Dieu de Paris et membre de la Société centrale d'agriculture, l'autre de MM. Ancelon, docteur en médecine, et Parisot, pharmacien, à Dieuze (Meurthe).

BECQUEREL.

SOCIÉTÉ NATIONALE ET CENTRALE
D'AGRICULTURE.

NOUVELLES RECHERCHES
SUR L'EMPLOI
DU SEL EN AGRICULTURE;

MÉMOIRE

LU A LA SOCIÉTÉ NATIONALE ET CENTRALE D'AGRICULTURE,

PAR M. BECQUEREL,

dans la séance du 21 mars 1848.

CHAPITRE PREMIER.

DU SEL EMPLOYÉ DANS L'ALIMENTATION DU BÉTAIL.

Le sel marin peut-il être employé avantageusement comme condiment dans l'alimentation du bétail et comme engrais inorganique dans la culture des céréales et des plantes fourragères? Les agriculteurs sont partagés d'opinion à cet égard : les uns lui refusent toute action ; les autres, au contraire, lui en reconnaissent une efficace. Cette divergence dans les opinions provient uniquement de ce que les uns et les autres n'ont pas opéré dans les mêmes conditions : ces conditions, il faut donc les déterminer avant de songer à appliquer utilement le sel à l'agriculture ; c'est sous ce rapport que j'ai envisagé la question depuis que j'ai commencé à m'en occuper.

Dans le travail que j'ai l'honneur de présenter à la Société, j'ai traité la question de l'emploi du sel en agriculture sous le double point de vue de condiment et d'engrais inorganique. N'ayant point fait d'expériences sur son action dans l'alimentation du bétail, j'ai dû me borner à rapporter les observations qui ont été faites par les personnes les plus compétentes dans la matière ; mais il n'en a pas été de même quant à son emploi comme engrais, je me suis appuyé sur mes propres expériences, dont les principales sont nouvelles, pour formuler des principes pratiques.

J'ai dù faire marcher de front les deux questions, attendu que, dans mon opinion, le sel devant être incorporé dans les fumiers pour agir efficacement sur la végétation, on ne saurait séparer la distribution dans les étables de son emploi dans le sol comme engrais.

Opinion de M. Chevreul.

Mon honorable confrère et ami M. Chevreul a parfaitement posé la question dans des considérations pleines de justesse sur l'emploi du sel dans l'économie animale et végétale ; il admet en principe que cet *agent* est indispensable au développement des animaux et des végétaux, mais dans certaines proportions toutefois, que l'expérience seule peut déterminer, et au delà desquelles il ne peut que nuire ; cela est vrai, sans restriction.

« Si le sel (ou ses éléments), dit M. Chevreul, se trouve « dans tous les végétaux cultivés, s'il en favorise le déve- « loppement, quand on l'ajoute à un sol qui n'en contient « pas suffisamment, il faut reconnaître que la proportion « où il cesse de leur être utile est bientôt atteinte, et que, « au delà, il leur nuit aussi bien qu'aux animaux auxquels « on le donne, passé la quantité de la limite nécessaire à « leurs besoins..... Dans l'emploi du sel destiné à l'alimen- « tation, tout le sel ajouté à un aliment est consommé, il

« n'y a pas de perte ; tandis que, en agriculture, il faut « nécessairement compter que le sel répandu dans un sol « exposé à recevoir les eaux pluviales ne pourra jamais « pénétrer en entier dans les plantes que ce sol portera : il « y aura donc une perte, et cette perte variera avec l'incli- « naison du sol et les fissures plus ou moins profondes qui « pourront interrompre la continuité..... Pour en évaluer « les proportions, ajoute M. Chevreul, dans des cas donnés, « il faut avoir égard aux quantités de sel déjà contenues « dans les aliments solides et liquides, s'il s'agit des ani- « maux ; dans les engrais le sol et l'eau souterraine qui peut « arriver aux racines, s'il s'agit des végétaux.

« Les quantités de sel ajoutées aux aliments ou répandues « dans un sol sont donc complémentaires des quantités déjà « existantes dans les aliments ou dans le sol pour composer « les quantités normales les plus convenables à la vie. »

Ces considérations, dictées par la plus saine philosophie, doivent être invoquées par quiconque s'occupe de l'action du sel dans l'alimentation du bétail ou comme engrais inorganique ; seulement, en étudiant cette question expérimentalement, on reconnaît que l'action du sel ne se borne pas probablement aux effets si bien exposés par notre savant confrère.

M. Chevreul pense avec raison que, la soude étant au nombre des principes constituants du sang, nos aliments doivent renfermer du sel ou quelques-uns des composés qui contiennent cette base. J'ajouterai que, d'après les expériences de mon fils aîné, le chlorure de sodium se trouve toujours, dans le sang, dans la proportion de 0,002 à 0,004 de sang calciné ; d'un autre côté, la potasse ou la soude se trouvent constamment dans les cendres des végétaux, en petite quantité à la vérité : le sol doit donc renfermer également des composés à base alcaline. Envisagé sous ce point de vue seulement, le rôle du sel se bornerait à fournir aux animaux la soude dont ils ont besoin pour la formation des fluides animaux, et aux végétaux l'alcali qui entre dans la composition des tissus ou autres parties organiques : il est probable, néanmoins, qu'il remplit d'autres fonctions que celles-là dans les phénomènes de la vie, comme je le dirai dans un instant ; mais auparavant je dois rappeler tous les travaux de M. Boussingault touchant l'action du sel dans l'alimentation du bétail, lesquels se lient à mon sujet.

M. Boussingault s'exprime comme il suit dans le traité d'économie rurale, en parlant de l'intervention du sel (t. II, p. 541, édit. de 1844) :

« Tout le monde connaît l'avidité avec laquelle les her-
« bivores recherchent le sel marin ; c'est, en effet, un in-
« grédient qu'il est bon de faire entrer dans leur alimenta-
« tion, quand le prix ne s'y oppose pas. En France, on est
« malheureusement réduit à donner du sel avec une parci-
« monie excessive, et que je considère comme désavanta-
« geuse à l'économie rurale. Je n'ignore pas que des
« agronomes habiles sont persuadés que l'usage du sel n'est
« pas indispensable ; à leur opinion il me serait facile d'op-
« poser l'opinion du plus grand nombre des éleveurs de
« l'Allemagne et de l'Angleterre. Quant à moi, ma convic-
« tion en faveur de l'influence salutaire du sel administré
« au bétail est formée depuis longtemps. J'ai constaté, par
« exemple, que des vaches laitières nourries uniquement
« avec des pommes de terre n'ont pu supporter ce régime
« qu'autant qu'on leur administrait une dose de sel qui
« s'élevait à environ 70 grammes par jour. »

Je ferai remarquer, à cette occasion, que M. de Béhague a également reconnu que les tourteaux donnés en nourriture aux bœufs n'étaient profitables qu'autant qu'on y ajoutait une ration journalière de sel, et il paraît en être de même toutes les fois que l'on nourrit le bétail avec des résidus de matières organiques qui ont perdu une partie de leurs facultés nutritives.

« Un habile cultivateur anglais, M. Curwen, ajoute « M. Boussingault, a trouvé très-avantageux de faire

« entrer, chaque jour, le sel marin dans la ration de son bé-
« tail, dans les proportions suivantes :

Aux vaches et aux génisses pleines, par jour. 113 gr.
Aux bœufs à l'engraissement. 85
Aux bœufs d'attelage. 113
Au jeune bétail. 56
Aux veaux (Sinclair, *Agriculture pratique et raisonnée,* t. II, p. 638). 28

« A Bechelbronn, le prix du sel ne nous permet pas de « le donner en proportion aussi forte ; nous en distribuons « trois fois par semaine, et la dose qui revient à chaque « tête de bétail, à l'étable, peut être évaluée à 52 grammes « par jour. Pour suppléer en partie au sel marin, nous don- « nons, de temps à autre, une quantité de sel de Glauber, « qui répond à environ 17 grammes par tête et par jour.

« C'est surtout dans la saison chaude que le sel marin est « favorable. Dans les steppes de la zone équatoriale, on « considère, comme parfaitement avéré, que le bétail ne « peut pas vivre sans sel ; c'est du moins ce qu'affirment « tous les éleveurs des Llanos. Quand un troupeau prospère « dans une steppe, on peut être assuré qu'il existe un sa- « lado, c'est-à-dire un endroit où suinte de l'eau salée. « Dans les savanes dont le sol ne produit pas de substances « salines, l'éleveur en distribue régulièrement aux ani- « maux, qui ne manquent pas de se rassembler tous les « jours à la même heure au lieu du rendez-vous. »

Il est impossible d'émettre une opinion plus favorable sur l'intervention du sel dans la nourriture du bétail. M. Boussingault, quoique ses idées fussent bien arrêtées à cet égard, en 1844, a cru devoir se livrer, depuis, à une série d'expériences, dans le but de découvrir les effets résultant de cette intervention. Voici les divers résultats qu'il a successivement obtenus :

Le 23 novembre 1846 (*Annales de physique et de chimie,* t. XIX, p. 117), M. Boussingault a communiqué à l'Académie des sciences la relation d'une série d'expériences entreprises pour déterminer l'influence que le sel, ajouté à la ration journalière, exerce sur le développement du bétail.

Notre savant confrère commence d'abord par faire remarquer que le chlorure de sodium contient un élément, la soude, que l'on retrouve dans les fluides animaux ; « aussi, « ajoute-t-il, au point de vue physiologique, on peut ad- « mettre qu'un sel de soude est nécessaire, indispensable « même dans l'alimentation, et il devient tout naturel de « voir dans l'usage modéré de cette substance un puissant « moyen hygiénique. C'est dans ces limites que j'ai tou- « jours compris l'utilité du sel marin, et, chaque année, « nous en faisons consommer dans nos étables 300 à « 400 kilogr. » Voilà encore une opinion très-explicitement exprimée et qui rentre dans la manière de voir de M. Chevreul.

M. Boussingault, ayant pris six jeunes taureaux à peu près du même âge, en forma deux lots ; il nourrit l'un avec du foin et du regain, et l'autre avec la même quantité de fourrage additionnée d'une ration de 34 grammes par tête ; il obtint les résultats suivants :

1° Le sel, ajouté dans l'espace de quarante-quatre jours, n'a produit aucun effet appréciable sur l'accroissement du poids vivant.

2° Les animaux qui ont consommé, chaque jour, 34 gr. de sel ont bu davantage que ceux qui n'en ont point reçu.

3° Le sel a développé plus d'appétence, ce qui explique comment il se fait que cette substance peut agir favorablement dans l'engraissement.

Le sel, ajouté à la ration journalière, ne contribuant pas à augmenter le poids vivant, mais bien à développer l'appétence, on doit en inférer qu'il agit comme dans l'alimentation de l'homme.

Dans une autre série d'expériences (*Annales de physique et de chimie*, t. XX, 117) faites également sur deux lots de jeunes taureaux nourris à discrétion, M. Boussingault a trouvé que le sel ajouté à la ration n'avait pas eu d'effet appréciable sur le développement des jeunes taureaux, résultat qui s'explique, comme lui-même l'observe, en admettant l'efficacité du sel dans l'alimentation, puisque la ration renfermait naturellement, incorporés avec elle, 10 grammes de sel, quantité déjà notable pour des élèves. On voit effectivement, dans le tableau ci-annexé, que 100 kilogr. de foin d'Alsace renfermant 255 grammes de sel, la ration journalière en sel devait être de 25 grammes par 10 kilogr. de fourrage sec.

De semblables expériences, faites dans des localités où les fourrages ne renferment pas des quantités de sel appréciables, auraient conduit probablement à un résultat différent.

Dans un autre travail communiqué à l'Académie des sciences le 25 octobre 1847 (*Annales de physique et de chimie*, t. XXII, p. 116), M. Boussingault a annoncé, en se fondant sur de nouvelles expériences, que le sel était loin d'exercer sur le développement du bétail, pour la production de la chair, l'influence qu'on était généralement porté à lui attribuer, fait déjà constaté antérieurement par lui, mais qu'il paraissait avoir une influence favorable sur l'aspect et les qualités des animaux, c'est-à-dire sur leur état de santé, ce qui est déjà un grand avantage. « Jusqu'à la fin de mars, « ajoute-t-il, les lots ne présentaient pas encore de différence « bien marquée dans leur aspect ; ce fut dans le courant « d'avril que cette différence commença à devenir manifeste, « même pour un œil peu exercé. Il y avait alors six mois « que le lot n° 2 ne recevait pas de sel. Chez les animaux « des deux lots, le maniement indiquait bien une peau fine, « moelleuse, s'étirant et se détachant des côtes ; mais le poil, « terne et rebroussé sur les taureaux n° 2, était luisant et « lisse sur les taureaux n° 1. A mesure que l'expérience se « prolongeait, ces caractères devenaient plus tranchés ; ainsi, « au commencement d'octobre, le n° 2, après avoir été privé de « sel pendant une année, présentait un poil ébouriffé, lais« sant apercevoir çà et là des places où la peau se trouvait

« entièrement mise à nu. Les taureaux du lot n° 1 conser- « vaient, au contraire, l'aspect des animaux à l'étable ; leur « vivacité et les fréquents indices du besoin de saillir qu'ils « manifestaient contrastaient avec l'allure lente et la froi- « deur de tempérament qu'on remarquait chez le n° 2. Nul « doute que, sur le marché, on n'eût obtenu un prix plus « avantageux des taureaux élevés sous l'influence du sel. »

M. Boussingault regrette de n'avoir pu prolonger ses expériences, afin d'en constater les effets jusque dans ses dernières conséquences.

Enfin, dans une dernière série d'expériences (*Annales de physique et de chimie*, t. XXII, p. 105), M. Boussingault a constaté que l'influence du sel avait été nulle tant sur la production du lait que sur la consommation du fourrage, ce qui semble impliquer contradiction avec la propriété précédemment reconnue par lui et qui est relative à l'augmentation d'appétence produite par cette substance ; mais M. Boussingault a donné lui-même l'explication de cette contradiction, comme on va le voir.

Dans l'analyse rapide que je viens de présenter des opinions et des observations de M. Boussingault touchant l'emploi du sel dans l'alimentation du bétail, je n'ai rien omis d'essentiel ; je me suis borné seulement à écarter les détails des expériences, afin de ne pas donner trop de développement à mon exposé.

Des faits qui précèdent découlent les conséquences suivantes :

1° Des vaches laitières nourries uniquement avec des pommes de terre n'ont pu supporter ce régime qu'autant qu'on leur administrait une dose de sel s'élevant à environ 70 grammes par jour.

2° La ration de sel n'augmente pas la quantité de poids vivant.

3° Le sel développe plus d'appétence.

4° Il paraît avoir une action très-favorable sur la santé

des animaux, à en juger par leur aspect et leurs qualités physiques :

Voici maintenant comment M. Boussingault explique la contradiction signalée plus haut :

On avait donné un jour un fourrage de très-mauvaise qualité au bétail ; toutes les bêtes en avaient laissé dans les crèches, à l'exception de celles du lot salé, qui avaient tout consommé. Nul doute que, dans ce cas, l'appétence n'ait été augmentée ; si elle ne l'est pas quand le fourrage est de bonne qualité et qu'il renferme déjà une assez forte dose de sel, il faut en conclure que cette dose naturelle est suffisante pour atteindre le même but, ou bien que l'appétit n'a pas besoin d'être stimulé quand le bétail est en bonne santé et que le fourrage est de qualité supérieure.

D'un autre côté, M. Boussingault fait observer que la nullité d'action du sel ajouté à la ration journalière, sur le poids vivant, est un fait qui paraît en opposition avec le principe physiologique en vertu duquel la soude est essentielle et indispensable à l'alimentation ; mais il en donne une explication satisfaisante.

« Si l'on est généralement d'accord, dit-il, sur la néces-
« sité de la présence d'un sel de soude dans les aliments,
« on ignore encore la limite de la dose à laquelle ce sel de-
« viendrait insuffisant. Or cette dose peut être telle, que
« la proportion de sel marin qui fait partie, comme chacun
« sait, des substances minérales contenues dans les ali-
« ments soit suffisante et au delà, pour satisfaire aux exi-
« gences de la digestion, surtout quand on n'a pas, comme
« dans l'engraissement, à surexciter l'appétit. »

Or chaque tête de bétail du poids de 150 kilogr. trouvant dans la ration de fourrage du poids de 4 kilogr. 31 gr., et dans l'eau qu'elle buvait, plus de 11 gr. de sel, et chaque vache laitière qui consommait 18 kilogr. de foin, 46 gr. de sel, M. Boussingault considère ces quantités de sel, déjà assez considérables, comme suffisantes à l'alimentation. Il n'est donc pas étonnant, suivant lui, qu'une ration de sel ajoutée à la nourriture qui en renferme déjà une quantité notable ne produise aucun effet sur l'augmentation de poids vivant et la quantité de fourrage consommée.

Mais toutes les exploitations agricoles ne sont pas placées aussi favorablement que Bechelbronn, pour avoir des fourrages ayant une contenance en sel aussi forte que celle qui vient d'être indiquée; il suffit, pour s'en convaincre, de jeter les yeux sur le tableau suivant, dans lequel j'ai réuni la teneur en sel des grains et fourrages récoltés dans diverses contrées.

Sel marin contenu dans 100 kilogr. de grains de fourrage et de plantes des prés salés.

DÉSIGNATION DES AUTEURS.

B. Boussingault. — BE. Becquerel. — P. Payen.

DÉSIGNATION des fourrages et des grains.	LOCALITÉS.							OBSERVATIONS.
	Alsace.	Allemagne.	Saline de Montmorot (Jura).	Saline d'Arc (Doubs).	Au-dessus de la côte de Saverne.	Dieuze (Meurthe).	Orange (Bouches-du-Rhône).	
	gr.	gr.	gr.	gr.	gr.	gr.	gr.	
Foin de prairie	255 B	»	»	»	»	410	630	Fourrage de 1re qualité
Trèfle fané	261 B	»						(Dieuze).
Luzerne fanée	»	169 B						
Pois coupés en fleur	»	280 B						
Paille de colza	»	700 B						
Paille de froment	53 B	50 B						
Paille d'orge	» B	120 B						
Paille d'avoine	220	8 B						
Paille de seigle	»	30 B						
Froment	»	»						
Avoine	11 B	»						
Seigle	»	»						
Orge	»	»						
Maïs	traces	»						
Fèves de marais	35 B	75 B						
Pois	5 B	14 B						
Haricots	6	»						
Chènevis	»	5 B						
Graine de lin	»	69 B						
Glands	»	3 B						
Pommes de terre	43 B	»						
Betteraves	66 B	»						
Navets	28 B	»						
Topinambours	33 B	»						
Pissenlit en vert	»	170 B						
Choux	40 B	35 B						
Foin de prairie (14 mètres de la graduation)	»	»	770 BE	»	»	»	»	Foin de 1re qualité.
Idem à 500 mètres	»	»	350 BE	»	»	»	»	Idem.
Raygrass	»	»	»	»	»			
Sainfoin sec (14 mètr. de la graduation)	»	»	»	810 BE	1,71 BE			
Foin de prairie, à 40 mèt. au delà du canal	»	»	»	420 BE		kil.	kil.	
Atriplex salina	»	»	»	»	»	22,50 BE	»	Ces plantes
Salicornia herbacea	»	»	»	»	»	14,00 BE	»	étaient dans
Triglodium maritimum	»	»	»	»	»	11,00 BE	»	le plus grand
Foin de St.-Gilles (terrain salé)	»	»	»	»	»	»	3,02 P	état possible de sécheresse
Autre (terrain salé)	»	»	»	»	»	»	1,00 P	

Les résultats consignés dans ce tableau prouvent que, en Alsace, 100 kilogr. de foin de prairie contiennent 255 gr.

de sel (domaine de Bechelbronn), tandis que, dans telle localité d'Allemagne, la teneur est nulle ; ils prouvent encore que, dans les prairies dont le sel repose sur les marnes irisées, gisement du sel gemme, et surtout dans le voisinage des bâtiments de graduation des salines, la teneur en sel, pour 100 kilog. de fourrage sec, varie de 410 gr. à 810 gr., ce qui donne 41 gr. à 81 gr. de sel pour la ration ordinaire d'une vache, évaluée à 10 kilog. de fourrage sec : avec de tels fourrages, il est inutile de donner une ration de sel.

Quoique les fourrages de Bechelbronn soient riches en sel, puisqu'une vache laitière en trouve 46 gr. dans sa nourriture journalière, M. Boussingault en fait ajouter encore 50 gr.; jugez, d'après cela, quelle quantité reçoit le bétail dans son alimentation !

Comment doit-on agir dans les localités où le fourrage ne renferme pas de sel ou n'en renferme que des quantités insignifiantes? Il faut en donner une ration au bétail, non-seulement sous le point de vue physiologique, mais encore pour fournir au sol, par l'intermédiaire des engrais, le composé à base de soude, dont les végétaux ont besoin pour se procurer l'alcali nécessaire à leur développement. Je ferai connaître, dans le second chapitre, la quantité de sel que doit renfermer le sol pour être productif.

J'ai avancé précédemment que le sel paraissait remplir dans l'alimentation d'autres fonctions que celles de fournir de la soude aux fluides animaux ; les faits exposés plus haut conduisent à la même conséquence. Relativement à l'homme, ce n'est pas douteux : pourrait-il prendre pour sa nourriture du bouillon de viande et des légumes cuits à l'eau sans sel ? Indépendamment de la répugnance qu'il éprouverait, ces mêmes aliments pourraient-ils être digérés facilement, sans que les organes digestifs fussent excités par ce condiment ? On est tenté de répondre négativement à ces questions, quand on songe qu'une place assiégée (*Défense des places fortes*, par Carnot) fut forcée de capituler, parce que, le sel ayant manqué, la dyssenterie se déclara aussitôt, et fit de grands ravages dans la garnison.

L'excédant du sel qui n'est pas employé dans le travail de la digestion sort avec les sécrétions.

M. Berzélius n'a-t-il pas démontré que l'urine contient 0,00445 de chlorure de sodium et 0,933 d'eau; les excréments, 0,00032 de chlorure et 0,753 d'eau; que la sueur en renferme des quantités notables? M. de Barral, dans un intéressant travail sur la statistique chimique du corps humain, n'a-t-il pas trouvé que, dans cinq expériences, trois ont donné plus de chlore dans les aliments que dans les évacuations, et deux des résultats inverses? Dans ce cas-ci, la différence était très-faible, tandis que, dans le premier, la quantité de chlorure de sodium qui n'est pas sortie par les évacuations s'est élevée parfois jusqu'au tiers de la quantité ingérée.

La nature se charge donc d'expulser la quantité de sel qui n'est point nécessaire dans l'élaboration des divers fluides animaux, et qui joue certainement un rôle dans les phénomènes de la digestion.

Chez les animaux comme chez l'homme, le sel paraît jouer également un double rôle. En Suisse, dans le Jura, ainsi que dans les localités humides et marécageuses, où l'on ne rentre pas toujours le fourrage dans un état convenable de dessiccation, il acquiert une odeur nauséabonde qui répugne au bétail, et on ne parvient à le lui faire manger qu'en le saupoudrant de sel ou l'arrosant avec de l'eau salée.

Le sel est également un moyen puissant pour faire manger au bétail des herbages qui lui répugnent; une fois habitué à ce fourrage, il continue à s'en nourrir sans addition de sel. Je citerai, entre autres, le Tussilage, plante fort abondante dans diverses parties du Jura, particulièrement près de l'établissement agricole dépendant des forges de Siam, appartenant à M. Jobez, représentant du peuple.

Dans le Jura, et même dans plusieurs parties de la Suisse, où les fourrages ne renferment souvent pas de sel, on est dans l'usage de donner chaque jour, en deux fois, 35 à

40 grammes de sel par chaque tête de bête bovine, dans un breuvage appelé *buvée*, composé de petit-lait provenant de la fabrication des fromages et de son, breuvage dont les vaches sont très-friandes. Cette ration est moins considérable que celle que l'on donne à Bechelbronn, sans y comprendre encore la quantité de sel qui se trouve dans le fourrage.

On a remarqué, comme dans cette dernière exploitation, que le sel maintient les vaches en corps, qu'elles ont plus d'appétit, une plus grande envie de boire, et qu'elles ont un plus bel aspect, les premières ayant un poil rude et hérissé, et les autres un poil lisse, indice de bonne santé. On a observé aussi que cette substance augmente la durée du lait.

Le lait des vaches soumises au régime salé est considéré, par les fruitiers chargés de la fabrication des fromages, comme de qualité supérieure, et pesant 1 degré de plus que l'autre au lactomètre. Cette appréciation est celle des nourrisseurs du Jura.

Est-il nécessaire de donner aussi du sel au bétail que l'on nourrit avec un fourrage très-substantiel dans un pays sec? Pour répondre à cette question, je prendrai pour guide M. Delafond, professeur à l'école d'Alfort, qui a été chargé, par le gouvernement, d'étudier la maladie de sang ou de sang-de-rate, dont les ravages sont tels, depuis quelques années, dans la Beauce, qu'il en résulte des pertes en bêtes bovines et ovines s'élevant annuellement à plusieurs millions de francs. Voici comment s'exprime M. Delafond, dans un traité spécial, à l'égard de l'emploi du sel dans cette contrée et du traitement qu'on doit administrer au bétail :

« Jamais on ne donnera de sel marin périodiquement « aux bêtes bovines qui se portent bien (en Beauce). Cette « matière saline, excellente pour les vaches des localités « fraîches, humides, ne convient nullement au gros bétail « de la Beauce; elle les échauffe, stimule, irrite leur « canal intestinal, et concourt ainsi à la production du « mal. Le sel qui doit être préféré est le sulfate de soude; il « doit être donné dans la boisson des vaches ou dans la

« buvée, à la dose de 8 ou 10 grammes par bête, deux fois « par semaine. 250 grammes de sulfate de soude dissous « dans 250 litres d'eau, qui doivent servir à désaltérer « vingt vaches, donnent une excellente boisson, qui excite « légèrement les sécrétions du canal intestinal, fait couler « les urines en plus grande abondance, délaye le sang, le « rend plus fluide, et ainsi prévient la maladie. »

Étranger à la pathologie et à la thérapeutique des animaux, je dois me borner à rapporter l'opinion de M. Delafond relativement à l'emploi du sel dans une contrée comme la Beauce, où la nourriture est très-substantielle; seulement je ferai remarquer qu'il aurait été à désirer que l'on fît l'analyse des fourrages, afin de connaître les substances minérales qui pourraient être en excès et savoir quels sont les éléments qui constituent une nourriture substantielle : cette détermination, du reste, ne serait pas sans importance pour connaître l'influence exercée par tel ou tel composé sur toutes les fonctions organiques.

L'opinion de M. Delafond touchant l'usage du sulfate de soude au lieu du sel marin, pour prévenir les maladies de sang, quand le fourrage est trop nutritif et que le climat n'est pas humide, appelle naturellement mon attention sur l'usage où l'on est, dans quelques pays, d'en donner au bétail.

Depuis longtemps, dans le nouveau comme dans l'ancien monde, on donne du sulfate de soude au bétail, soit seul, soit associé au sel ordinaire.

Je citerai particulièrement les localités suivantes :

1° Le plateau de la Nueva-Grenada (Amérique du Sud);

2° Les environs de Tunja, où il existe, suivant M. Boussingault, une source d'eau chaude d'une abondance extrême, qui se déverse sur le terrain environnant : le sol, par suite de l'évaporation spontanée, se recouvre d'efflorescences de sulfate de soude, que les Indiens recueillent pour le vendre aux propriétaires des troupeaux;

3° Le Wurtemberg, où l'on donne ce sel deux fois par semaine au bétail;

4° Diverses parties de l'Alsace et de l'Allemagne, où l'on administre un mélange des deux sels.

Enfin M. Boussingault s'exprime ainsi à l'égard de l'emploi du sulfate de soude (*Traité d'économie rurale*, t. II, p. 541) : « L'usage du sulfate de soude, pour les bêtes à « laine et les chevaux, est déjà fort répandu en Alsace et « de l'autre côté du Rhin. Les éleveurs s'accordent à recon- « naître à ce sel une action très-avantageuse sur la santé « des animaux. »

Ces citations suffisent pour montrer que l'expérience a prononcé déjà sur l'emploi du sulfate de soude dans l'alimentation du bétail.

Je crois avoir réuni assez de preuves en faveur de l'intervention du sel marin et du sulfate de soude dans la nourriture du bétail. Aucune assertion hasardée n'a été mise en avant ; je me suis appuyé sur les principes adoptés par les physiologistes et les chimistes les plus distingués, ainsi que sur les faits les plus positifs.

CHAPITRE II.

DU SEL CONSIDÉRÉ COMME ENGRAIS INORGANIQUE.

La question du sel, comme engrais inorganique, est très-complexe, et ne saurait être séparée de celle des engrais en général : croirait-on, par exemple, qu'il suffit, pour la résoudre, de répandre du sel sur le sol, dans une proportion quelconque, avec ou sans engrais, sans tenir compte de la nature du sol, des principes alcalins qu'il renferme, de son état hygroscopique, du climat et d'autres conditions que j'indiquerai plus loin? non, certes ; on commettrait une grave erreur. C'est cependant ce qui a lieu tous les jours dans la plupart des essais tentés jusqu'ici par les agriculteurs, même en Angleterre, d'après les documents que j'ai sous les yeux.

Ne s'est-on pas avisé de jeter du sel sur une terre ensemencée, sans y mettre du fumier, comme s'il devait remplacer ce dernier ! C'est comme si l'on eût essayé de nourrir le bétail, et même l'homme, avec du sel, sans aliment. Abandonnons donc ces opinions favorables ou contraires à l'emploi du sel, qui ne reposent point sur des principes scientifiques, et étudions la question comme on doit le faire, en appelant à notre aide les données fournies par les sciences physico-chimiques et physiologiques et l'expérience. En suivant cette marche nous ne craindrons pas d'induire en erreur les agriculteurs.

Avant de chercher à introduire en agriculture un sel comme engrais inorganique, il faut d'abord connaître quels sont les composés salins qui agissent comme tels dans les divers sols, et étudier leur mode d'action, afin de voir si celui que l'on doit employer a des rapports plus ou moins immédiats avec les premiers.

Voici les sels dont l'efficacité est aujourd'hui bien constatée :

1° Les phosphates de chaux et de magnésie, principes constituants du froment, des fèves, etc. : ils sont solubles dans l'eau renfermant du gaz acide carbonique, du sel marin, des sels ammoniacaux.

2° Les phosphates alcalins, éléments également importants des semences, des grains, des pois, des fèves : ils existent dans les excréments humains, qui, en raison de cela, augmentent la production des grains dans une plus forte proportion que les excréments des animaux qui en sont dépourvus.

3° Les composés à base de potasse et de soude, qui sont indispensables pour conserver au sol son état primitif de fertilité. « Un sol, dit M. Liebig (*Des engrais artificiels*, tra-
« duction française, p. 10), qui contient des alcalis en trop
« petite quantité peut être fertile ; mais il ne le sera pas pour

« les navets ou les pommes de terre, qui exigent une « grande quantité d'alcalis. Grâce à l'emploi d'un engrais « alcalin, il devient moins nécessaire de laisser les terres « en jachère ou de cultiver les plantes qui viennent durant « le temps des jachères. » On voit de suite l'immense avantage que l'on trouve à introduire, dans le sol, des composés alcalins en sus de la quantité qui est strictement nécessaire pour une culture.

4° Le sulfate de potasse, les chlorures de sodium et de potassium : ces deux derniers se trouvent dans le lait dans une proportion assez considérable.

5° Les sels de chaux et la silice enfin.

Le chlorure de sodium, dont j'ai particulièrement à m'occuper, peut fournir la soude aux acides organiques qui se forment dans les diverses élaborations ayant lieu dans les tissus des végétaux; en effet, dans les terrains qui renferment du sel et peu ou point de potasse, les cendres des céréales contiennent de la soude au lieu de potasse. Cette substitution ne nuit en rien à la beauté des récoltes. Parmi les exemples que je pourrais citer de cette substitution, je rapporterai le suivant, qui est indiqué par M. Liebig (*Chimie appliquée à la physiologie végétale et à l'agriculture*, p. 101, traduction française) : la graine de salsola kali, semée dans de la terre ordinaire, donne une plante qui renferme de la potasse et de la soude; la graine de la nouvelle plante en produit une autre qui ne renferme que des sels de potasse, avec des traces seulement de chlorure de sodium. Ainsi les plantes enlèvent la potasse ou la soude indistinctement au chlore, mais particulièrement au chlorure qui domine dans le sol.

Relativement aux phosphates alcalins qui se trouvent en si forte proportion dans le froment, ils sont formés dans l'organisme des plantes par la réaction des sels alcalins sur les phosphates de chaux et de magnésie.

J'aborde maintenant la question du sel que j'ai commencé

à étudier dans mon *Traité des engrais inorganiques*, et qui n'a pas cessé de m'occuper depuis sa publication.

Quand on veut se faire une idée de l'action exercée par le sel sur les plantes, il faut examiner, avant tout, l'état de la végétation dans les terrains qui le renferment en quantités plus ou moins considérables, et comparer les effets produits à ceux qui ont lieu dans des terres de même nature placées dans les mêmes localités, mais non salées ; de la comparaison on en tirera des conséquences sur l'influence exercée par le sel.

Dans les marais salants de l'ouest, on cultive avec avantage les céréales sans engrais sur les bosses ou bossis, espaces libres situés entre les marais et sur lesquels on jette les vases provenant de leur curage. Cette terre est également propre au jardinage; la végétation y est vigoureuse, et les récoltes y sont ordinairement abondantes. Ces vases, étant formées d'argile, de sable, de détritus de matières organiques et de quantités assez considérables de sel, constituent un compost naturel.

On voit donc qu'un terrain assez fortement salé, humide et renfermant des débris de matières animales et végétales est capable de développer une puissante végétation; mais, comme la présence de l'eau et des matières organiques suffit pour produire un semblable effet, il faut avoir recours à d'autres observations pour connaître la part du sel dans cette circonstance; il est prouvé, néanmoins, par là qu'un excès de sel en présence de l'eau et de détritus de corps organisés est loin de nuire à la végétation. Je ferai connaître plus loin la limite supérieure au delà de laquelle le sel cesse d'être favorable à la végétation, même en présence de l'eau, ainsi que la limite inférieure où les plantes, tout en recevant des effets salutaires du sol, n'ont plus besoin d'un excès d'eau pour prospérer. Autre exemple : le sol de la vallée dans laquelle coule la Seille, depuis le village de Lindre-Basse jusqu'à Marsal et même au delà (département de la Meurthe), est formé d'alluvions au-dessous desquelles se trouvent les marnes irisées, gisement de ces puissantes couches de sel qui occupent une étendue de plus de 50 lieues en longueur; çà et là on voit s'épancher sur le sol des sources salées d'une densité assez élevée, qui donnent naissance à des efflorescences salines dans les temps de sécheresse. Toutes les prairies comprises entre la digue de l'étang de Lindre, les jardins du village et la côte de Dieuze formaient jadis des marais infects, où l'on ne trouvait que des joncs, des carex et des ombellifères; sur les points culminants, au-dessus des eaux, il n'y croissait qu'un petit nombre de plantes grasses propres aux terrains salés. Aujourd'hui il n'en est plus ainsi; on a assaini ces marais infects par de profondes saignées et par des remblais qui, en exhaussant le sol de quelques décimètres seulement, ont permis aux eaux pluviales d'enlever l'excès de sel et de le livrer à la culture; les fossés d'écoulement, en recevant les eaux et les conservant, entretiennent de l'humidité dans le sol : la végétation est alors des plus remarquables; on a ainsi un excellent pré, quoique la terre soit encore salée à 0,002. Les plantes desséchées, qui constituent un bon fourrage, ont une teneur en sel de 0,003; en admettant qu'une vache consomme en moyenne, par jour, 10 kilogrammes de foin, elle recevrait donc, dans son alimentation journalière, 30 grammes de sel, ration qui approche de celle que l'on donne dans le Jura à chaque bête bovine.

Si nous nous transportons dans des pays sablonneux renfermant des quantités notables de sel, et dans lesquels la végétation ait beaucoup à souffrir de la sécheresse, les plantes languissent et finissent par mourir. Je rappellerai, à cette occasion, que les anciens avaient remarqué qu'en semant du sel sur un semblable sol on le rendait stérile. La Bible rapporte qu'Abimelech, s'étant rendu maître de Sichem, détruisit cette ville de fond en comble et sema du sel sur l'emplacement qu'elle occupait, afin qu'il ne produisît jamais de récoltes. Cette assertion est vraie relativement aux contrées où il ne pleut que très-rarement et où le sol est, par conséquent, presque toujours dans un grand état de sécheresse, comme la Syrie, tandis qu'elle ne saurait l'être à l'égard des contrées humides.

Cette intervention de l'eau dans les terrains salés à assez forte dose pour y développer une végétation active a été également constatée dans des essais faits par M. Kuhlmann, essais dont j'ai rendu compte dans le traité des engrais inorganiques.

Il est donc démontré, aujourd'hui, que les terrains salés naturellement à une dose assez forte, entretenus dans un état constant d'humidité par des fossés d'enceinte ou au moyen de roseaux placés sur le sol, jusqu'à ce que les végétaux aient pris de la force, comme cela est d'usage dans la Camargue, sont favorables à toutes sortes de cultures, que les récoltes sont abondantes et que les fourrages sont très-recherchés du bétail; il est prouvé, en outre, que le sel détruit, dans les prairies, les mousses, les joncs, etc.

Passons à la question la plus importante, aux rapports existant entre la teneur en sel des terrains et la nature des végétaux qui y croissent naturellement ou qui y sont cultivés. Les résultats consignés dans le tableau suivant établissent ces rapports; ils sont dus à MM. Ancelon et Parisot, qui ont fait les expériences sur mon invitation, et mettent en évidence les faits suivants :

1° Quand la terre renferme une teneur de 0,033 de sel, après dessiccation, elle paraît impropre à toute espèce de végétation.

2° Quand la teneur est de 0,028, il n'y croît que l'*Aster tripolium*, du moins dans cette localité.

3° Si la teneur est de 0,0146, on y voit croître successivement la *Salicornia herbacea*, l'*Anagallis tenella*, le *Triglochin maritimum*.

4° A la teneur de 0,0057, l'avoine y est petite et rabougrie, tandis qu'à la teneur de 0,002 elle est très-belle et très-vigoureuse.

5° Dans des carrières de la Seille, dont la teneur est de

0,00225, on y a obtenu de beaux Chanvres, du Maïs et des Betteraves de belle venue.

6° Dans une terre dont la teneur est constamment de 0,0001, on a un pré de première qualité, dont l'herbe, qui constitue un excellent fourrage, renferme, après dessiccation, un centième de sel. (Je crains qu'il y ait ici une erreur ; au lieu de 0,0001, il devrait y avoir, je crois, 0,001.)

Tableau des quantités de chlorure de sodium contenues dans les terrains salifères, les plantes du bassin de Lindre-Basse, dans les eaux de l'étang de Lindre-Basse et dans celles qui baignent les divers terrains (MM. Ancelon et Parisot).

	Eau contenue dans la terre pour 100 grammes	Chlorure de sodium contenu dans la terre pour 100 gramm., après dessiccation.	Eau contenue dans l'herbe pour 100 grammes	Chlorure de sodium contenu dans les plantes pour 100 grammes
	gr.	gr. mil.	gr.	gr. mil.
No 1.				
Terre prise sur le bord d'un ruisseau dont l'eau tient en dissolution une grande quantité de sel. Cette terre paraît impropre à toute espèce de végétation	32	3,300		
No 2.				
Terre prise dans un fossé comblé par une grande quantité de gravier où s'effleurit le chlorure de sodium; il y croît seulement l'*aster tripolium*.	14	2,800		
No 3.				
Terre prise à 2 mètres du no 1, dans un terrain où croissent successivement la *salicornia herbacea*, l'*anagallis tenella*, le *triglochin maritimum*	27	1,440		
No 4.				
1o Terre prise à l'ouest dans un champ d'avoine, petite, rabougrie, brûlée, sur le bord du fossé no 2	18	0,570		
2o Prise sur le bord est, où l'avoine est très-belle, très-vigoureuse	22	0,200		
No 5.				
Terre et herbe prises dans un bon pré exhaussé sur l'emplacement de l'ancien puits salé	13	0,010	69	1,320
No 6.				
1o Terre et herbe prises dans un bon pré nouvellement formé sur un point autrefois inculte, au bord de la Seille, côté nord-ouest	17	0,01125	75	1,106
2o Terre prise dans le même pré, dans une place moins fertile	10	0,011		
No 7.				
1o Terre et herbe prises dans la moitié nord-ouest d'un pré assez bon, au nord d'une rigole remplie d'*aster tripolium*	12	0,020	77	1,076
2o Terre et herbe prises dans la moitié sud-ouest de la rigole pleine d'*aster*	10	0,025	63	1,500

	Eau contenue dans la terre pour 100 grammes	Chlorure de sodium contenu dans la terre pour 100 gramm., après dessication.	Eau contenue dans l'herbe pour 100 grammes	Chlorure de sodium contenu dans les plantes pour 100 grammes
	gr.	gr. mil.		
N° 8.				
Terre du curage de la Seille, où sont venus de beaux chanvres, choux, maïs, et de belles betteraves	17	0,225	Feuilles sèches de betteraves : 92	7,120
N° 9.			Jus de la bett. :	0,176
Terre prise dans un champ formé de terre de recurage, et où les betteraves sont moins belles...	17	1,125	Résidu.......	0,200
Trèfle pris sur le bord ouest de la Seille			70	2,320

1° L'eau de l'étang de Lindre-Basse contient par litre........	*des traces*	chlorure de sod.
2° L'eau prise au milieu de la Seille contient par litre........	0 gr. 10 c.	
3° L'eau prise sur les bords de la Seille contient par litre......	0 12	
4° L'eau d'un ruisseau qui traverse les prés pour se jeter perpendiculairement dans la Seille contient par litre............	*des traces*	
5° L'eau prise dans la source, près du pont, contient par litre..	0 090	

Ces résultats conduisent encore aux conséquences suivantes :

Que les plantes fourragères, vers le 18 août, après avoir été desséchées, avaient une teneur en sel de 0,0132 à 0,0107, dans les prairies qui n'ont qu'une teneur de 0,00025 et 10 pour 100 d'eau ; cette forte teneur en sel de végétaux crus dans des terres très-peu salées indique sur-le-champ qu'il n'est point nécessaire de fournir au sol une quantité considérable de sel pour qu'il soit productif et qu'il puisse rapporter du fourrage de qualité supérieure ; mais il faut, toutefois, que cette quantité y reste constamment et ne soit pas enlevée par les eaux.

Les limites inférieures de teneur en sel que je viens d'indiquer, pour que la terre en reçoive des effets favorables bien constatés, ne seront pas sans quelque importance en agriculture ; ce sont autant de jalons posés.

J'ai cherché à vérifier, par l'expérience, si ces limites ne tenaient pas à des causes locales : les résultats que j'ai obtenus prouvent qu'il n'en est pas ainsi ; mais, avant de les exposer, je rappellerai un fait constaté par un grand nombre d'expériences, et dont on pourrait tirer une fausse conséquence relativement à l'emploi du sel. J'ai avancé dans mes diverses publications, et notamment dans mon ouvrage sur les engrais, que le sel, à certaine dose, retardait la germination, en s'opposant, pendant plus ou moins de temps, aux changements qu'éprouvait la matière amylacée pour se transformer en gomme et en sucre, substances destinées au développement et à la nourriture de la plantule. Si l'on augmente la dose de sel, comme on va le voir, on arrive à une limite où la germination n'a plus lieu et où la décomposition de la graine s'effectue peu à peu. Les expériences suivantes vont mettre en évidence ce nouvel ordre de faits.

Première expérience.

On a pris quatre terrines renfermant chacune 4 litres d'un mélange de deux tiers de terre de jardin et d'un tiers de terreau de deux ans.

La première terrine n'a reçu aucune addition de sel; la deuxième en a reçu une de 2 gram. 60 ; la troisième une de 5 gram. 20 , la quatrième de 10 gram. 40. Ces quantités, comparées aux poids des terres desséchées, constituaient des teneurs en sel :

Pour la première.	0
— la deuxième.	0,00108
— la troisième.	0,00216
— la quatrième.	0,00432

On a semé, le 23 décembre 1848, cent graines de froment dans chaque terrine. Les quatre terrines, tenues dans un état semblable et constant d'humidité, ont été placées dans une pièce dont la température variait de 10 à 12°.

Les tigelles ont paru d'abord dans la première terrine, puis dans la deuxième, la troisième et la quatrième. A partir du 5 janvier, les jeunes plants se sont montrés successivement dans les proportions suivantes :

DATE.	TERRINE N° 1 Graines levées.	TERRINE N° 2 Graines levées. Teneur en sel, 0,001.	TERRINE N° 3 Graines levées. Teneur en sel, 0,00216.	TERRINE N° 4 Graines levées. Teneur en sel, 0,00432.
5 janvier.....	20	15	15	15
6 —	34	26	19	20
7 —	54	39	29	31
8 —	66	47	32	35
9 —	76	59	44	47
10 —	82	74	57	57
11 —	85	82	67	71
12 —	85	84	72	75
13 —	85	86	74	80
14 —	85	88	74	81
15 —	85	88	75	82
16 —	86	88	76	84
17 —	86	89	77	84
18 —	88	89	78	84
19 —	88	89	78	84
20 —	88	89	78	85
21 —	88	90	79	85
22 —	88	90	79	85
23 —	88	90	79	85
24 —	88	90	79	85
25 —	88	90	79	85
26 —	88	90	79	85
27 —	88	90	80	85
28 —	88	91	80	85
29 —	89	91	80	85
30 —	89	91	80	85
31 —	89	91	80	85
1er février...	89	91	80	85
2 —	89	91	80	85
3 —	89	91	80	85

Des résultats consignés dans ce tableau nous déduisons les conséquences suivantes :

1° La germination du froment, dans une terre très-substantielle non salée, s'est manifestée plus tôt que dans la même terre additionnée de 0,001, 0,00216, 0,00432 de sel.

2° Le 5 janvier, il y avait

20 pieds dans la terrine n° 1,
18 — . . . . . . n° 2,
15 — . . . . . . n° 3,
15 — . . . . . . n° 4.

Jusqu'au 12, la terrine n° 1 l'a emporté ; mais, le 13, la terrine n° 2 a eu le dessus et l'a conservé jusqu'au 3 février. Les n°s 3 et 4 étaient en retard, mais plus particulièrement le n° 3, dont la terre avait moitié moins de sel.

3° 0,001 de sel dans la terre suffit pour apporter un retard momentané dans la germination ; je dis momentané, car, le vingt-deuxième jour, la terrine salée avait le dessus sur celle qui ne l'était pas.

Le 3 février, on a arraché dans les terrines, savoir :

N° 1. Quatre-vingt-quatre pieds ; séchés à l'étuve, ils pesaient.	1 gr.	93
Poids de chaque pied.	0	023
N° 2. Quatre-vingt-un pieds séchés pesaient.	1	81
Poids de chaque pied.	0	023
N° 3. Soixante-douze séchés pesaient. . .	1	37
Poids de chaque pied.	0	019
N° 4. Soixante-seize pieds desséchés pesaient.	1	37
Poids de chaque pied.	0	020

Ainsi le retard momentané dans la terrine n° 2, dont la terre avait une teneur en sel de 0,001, n'a point affaibli la force de la végétation ultérieure.

Deuxième expérience.

Le 10 janvier, on a semé 10 gram. de froment dans une terrine contenant 4 litres de terre semblable à celle qui avait été employée dans l'expérience précédente, et on y a ajouté 64 gram. de sel, en sorte que la teneur était de 0,0275 ; la terrine a été exposée à une température de 10 à 12° et entretenue dans un état d'humidité semblablement constant.

Le 24 février, les tigelles ne paraissant pas, quinze graines fortement gonflées ont été enlevées et mises dans de la terre ne renfermant pas de sel ; les tigelles ne tardèrent pas à se montrer, et peu après les deux feuilles se séparèrent.

Dans la terrine salée le 10 janvier, les tigelles parurent, et le 13 février il n'y en avait encore que treize. Les graines qui n'avaient pas germé du 10 janvier au 3 mars étaient en partie désorganisées ; j'en ai retiré néanmoins une quinzaine qui, mises dans une terre non salée, ont poussé péniblement des tigelles.

On voit par là que des grains de froment semés dans une terre renfermant 0,027 de sel se conservent sans altération pendant quelque temps et finissent par se décomposer entièrement.

Si l'on rapproche les résultats de la dernière série d'expériences de ceux que j'ai obtenus dans la culture en terre salée naturellement, on trouve qu'il y a les plus grands rapports.

Concluons de tous ces faits que, pour obtenir des effets favorables de l'emploi du sel et n'avoir rien à craindre d'un très-faible retard dans la germination, il ne faut pas que la teneur en sel dépasse 0,001 à 0,002 ; mieux vaut encore une teneur un peu moindre.

Le sel jouit encore d'une propriété très-remarquable qui n'a point été signalée jusqu'ici, et que les expériences suivantes mettent en évidence.

Neuf fosses carrées de 1 mètre de superficie chacune et de 2 décimètres de profondeur ont été briquetées au fond et sur les côtés, pour éviter les infiltrations, puis remplies de bonne terre végétale mêlée avec un tiers de terreau de deux ans. Ces neuf carrés formaient trois rangées ; le 7 novembre dernier, on y a fait les semis suivants :

Première rangée.

N° 1. On a semé 15 grammes de froment de Kickling de deux ans.
N° 2. *Idem* *idem* On a répandu 138 gr. de sel.
N° 3. *Idem* *idem* *idem* 260

Deuxième rangée.

N° 1. On a semé 15 grammes de seigle de deux ans.
N° 2. *Idem* *idem* On a répandu 138 gr. de sel.
N° 3. *Idem* *idem* *idem* 260

Troisième rangée.

N° 1. On a semé 15 grammes de petite orge de deux ans.
N° 2. *Idem* *idem* On a répandu 138 gr. de sel.
N° 3. *Idem* *idem* *idem* 260

Teneurs en sel de la terre des nos 2 et 3 des trois rangées.

Nos 2.................................... 0,0011.
Nos 3.................................... 0,0021.

État de la végétation le 19 janvier.

ESPÈCE de céréale.	N° 1. Carré non salé. Nombre de pieds.	N° 2. Carré salé au minimum. Nombre de pieds.	N° 3. Carré salé au maximum. Nombre de pieds.
		1re RANGÉE.	
Froment.....	81	189	198
		2e RANGÉE.	
Seigle.......	168	199	301
		3e RANGÉE.	
Orge........	146	220	234
		après la gelée.	
	15	54	80
		le 14 février.	
	3	54	70

Ces résultats mettent en évidence deux ordres de faits qui ne sont pas sans importance pour la physiologie végétale, et qui donnent une idée de quelques-uns des effets du sel sur les premiers actes de la végétation.

Première rangée : dans le carré salé au minimum, le nombre des graines de Froment levées est double de celui des graines levées du carré non salé, et dans le carré salé au maximum il est un peu plus du double.

Dans la deuxième rangée, où se trouvait le Seigle, les différences entre les nombres des graines levées n'ont été considérables qu'à l'égard du nº 3, dont le nombre de plants est un peu moins du double de celui du nº 1.

Dans la troisième rangée, où se trouvait la petite orge, les différences ont été également considérables. Après la gelée, il est resté trois pieds dans le carré non salé, cinquante-quatre dans le carré salé au minimum et soixante et dix dans le carré salé au maximum.

Les neuf expériences dont on vient de rapporter les résultats prouvent

1º Que les terres renfermant 0,001 et 0,002 de sel sont plus aptes que les terres non salées à développer la germination d'un plus grand nombre de graines de céréales même déjà anciennes, la différence est du double;

2º Que la gelée épargne davantage les plants qui se trouvent dans les terres salées que ceux qui sont venus dans des terrains non salés : ainsi il n'est resté que le vingt-neuvième des plants de la petite orge dans les terrains non salés, le quart dans le terrain salé au minimum et le tiers à peu près dans le terrain salé au maximum. Ces faits, rapprochés de ceux qui ont été exposés dans mon traité des engrais inorganiques, tendent de nouveau à prouver qu'il y a des cas où le sel agit autrement qu'en fournissant de la soude aux végétaux. Cette substance remplirait donc un double rôle dans le règne végétal comme dans le règne animal.

Le dernier fait que je viens de signaler et que je considère comme très-important me rappelle un autre du même genre, observé à Kinton, dans le Devonshire, et rapporté par M. Collins, avocat, dans une brochure de M. William Johnson : *du sel ayant été employé comme engrais dans des prairies, les portions salées ne furent point endommagées par de fortes gelées, tandis que, dans les non salées, chaque brin d'herbe était gelé.*

En présence de tous ces faits, comment donc employer le sel comme engrais inorganique, de manière à obtenir des effets avantageux, dans les proportions indiquées, sans qu'il soit nécessaire de donner au sol plus d'eau qu'il n'en renferme ordinairement pour les besoins de la végétation ? Il n'est pas encore facile de répondre d'une manière précise à cette question, attendu que cette substance, comme tous es engrais solubles, pouvant être entraînée totalement ou en partie par les eaux pluviales, suivant la nature du sous-sol, on n'est jamais certain, sans avoir fait des expériences préalables, de la quantité qui reste, en moyenne, dans la terre après les lavages. Or, comme il arrive fréquemment qu'un excès de pluie, d'humidité fait disparaître quelquefois les substances qui sont les plus indispensables aux plantes à l'époque où elles commencent à se former et les graines à mûrir, il serait donc indispensable de combiner les éléments efficaces de l'engrais avec le sel, de manière qu'ils ne soient pas emportés rapidement par l'eau. Je rappellerai à ce sujet le passage suivant de mon *Traité des engrais*, page 248.

« On ne peut ériger en règle générale qu'il faille répan-
« dre 100, 200, 300 kilog. de sel par hectare, attendu que
« la quantité à introduire dans le sol dépend de celle qui
« est ramenée à la surface au fur et à mesure de l'évapo-
« ration. Ce qu'il y a de mieux à faire, je le répète, est
« d'incorporer le sel dans les fumiers, afin que l'humidité
« dont ils sont imprégnés le retienne le plus longtemps pos-
« sible dans le sol. »

A cette époque, je n'avais pas encore déterminé les quantités de sel à introduire dans la terre pour que la végétation dût en recevoir des effets favorables ; cette lacune est aujourd'hui remplie.

J'ai été conduit, par l'expérience et par l'induction, à l'emploi simultané du sel et du fumier; mais j'ai appris, depuis, que, dans le Morbihan, on est dans l'usage, depuis longtemps, d'arroser les fumiers avec de l'eau salée et que l'on s'en trouve bien; certainement on ne saurait rien faire de plus rationnel.

En introduisant le sel dans le sol avec le fumier, on y trouve les avantages suivants :

1° On empêche qu'il ne soit enlevé par les eaux pluviales aussi rapidement que lorsqu'il est répandu sur le sol.

2° Présenté aux plantes en même temps que l'engrais, on évite l'énervation qui a toujours lieu quand les plantes sont soumises au régime salé sans son concours.

L'incorporation du sel dans les fumiers me conduit naturellement à parler des composts formés de matières végétales et de sel.

On a vu précédemment que, lorsque la quantité de sel associée au sol dépasse une certaine limite, la germination ne s'effectue plus, même quand l'humidité est convenable. La graine ne tarde pas alors à se désorganiser, et la décomposition continue. Le sel, ajouté en certaines proportions aux matières végétales exposées aux influences atmosphériques, hâte donc leur décomposition, au lieu de les préserver de toute altération, fait déjà observé par Davy et d'autres chimistes.

Ces composts doivent être formés de plantes inutiles à l'alimentation du bétail et mis avec du sel dans des fosses, à l'abri de la pluie et à parois imperméables, pour éviter la déperdition de l'eau salée; quand ils sont formés, ils sont employés comme engrais organique; l'addition de chaux peut être avantageuse.

La pratique seule, du reste, peut faire connaître le mode d'introduction du sel dans la terre, dans les proportions indiquées pour en obtenir les effets les plus avantageux sur la végétation.

Je crois avoir posé, dans ce mémoire, les bases sur lesquelles doivent s'appuyer, à l'avenir, les agriculteurs qui chercheraient à employer le sel comme engrais inorganique, pour que cet emploi soit rationnel : en conséquence, ils doivent prendre en considération

1° Les quantités de sel qui se trouvent naturellement dans le sol et dans les engrais introduits avant les semailles ;

2° Celles qui restent dans le sol après son lavage par les eaux pluviales, et qui ne doivent pas dépasser 0,001 à 0,002 du poids de la terre desséchée. 0,005 étant déjà une proportion suffisante, il ne me reste plus qu'un point à examiner. J'ai avancé, en commençant, que jusqu'ici, dans aucun pays, même en Angleterre, on n'avait fait aucun emploi du sel comme engrais inorganique, en se fondant sur une méthode rationnelle, c'est-à-dire en invoquant les principes de la science tels que je les ai exposés dans ce mémoire, et qui ne sauraient être mis en doute par quiconque s'est occupé sérieusement des engrais. Je vais le prouver : je prendrai pour exemple cette même Angleterre, dans laquelle on annonce que de nombreux cas d'insuccès ont eu lieu, bien qu'il me serait facile de leur opposer des résultats favorables obtenus dans divers comtés ; mais je ne le ferai pas, parce qu'ils ne sauraient servir, ainsi que les cas d'insuccès, à éclairer la question.

D'après Sinclair, Cuthbert William Johnson, divers auteurs et des rapports particuliers qui m'ont été adressés, on emploie le sel comme il suit :

1° On en forme des amendements avec la chaux et la marne, que l'on répand sur le sol avec la semence.

2° On compose un engrais, en mélangeant, à parties égales, du sel et de la suie, que l'on répand sur le sol au lieu de fumier de ferme, sans proportions déterminées.

3° On le mêle avec la terre, avec ou sans engrais, mais le plus fréquemment sans engrais ; les proportions sont variables et dépendent uniquement de l'idée du cultivateur.

Ainsi à Great-Totham, comté d'Essex, on a fumé avec 5 boisseaux de sel par acre, ou 125 kilogr. par 40 ares, ou environ 312 kilogr. par hectare; tandis que, dans une localité du même comté, on a triplé la dose, toujours suivant les vues particulières du propriétaire.

4° On l'a employé à l'état de dissolution, pour prévenir certaines maladies propres aux céréales et aux plantes fourragères.

5° On en a formé des composts qui ont servi d'engrais.

6° Les agriculteurs de l'ouest de l'Angleterre, depuis un temps immémorial, se servent, comme d'amendement, de sable qu'ils vont chercher sur le bord de la mer et qui est imprégné de sel. Dans le voisinage de Padstow-Harbout, les fermiers emploient annuellement cinquante-quatre mille chars de ce sable, qu'ils vont chercher à 4 ou 5 milles de leur habitation, plutôt que de prendre à leur porte, à bien moindres frais, du sable non salé.

Quoique ce dernier *fait soit bien significatif*, je n'en tire néanmoins aucune conséquence favorable à l'emploi du sel, pour ne pas affaiblir les réflexions suivantes.

Dans les différentes méthodes mises en pratique en Angleterre pour employer le sel comme engrais, a-t-on commencé par rechercher la quantité de sel qui existait naturellement dans ce sol et dans les herbages servant à la nourriture du bétail, puis celle qui restait dans le sol sur lequel on doit répandre le sel après que les eaux pluviales l'avaient lavé? a-t-on cherché, dans chaque localité, la dose la plus convenable au développement de la végétation et qui ne doit pas aller au delà de 0,001 à 0,002? non certes, on n'a rien fait de tout cela, et cependant c'était là le point de départ pour ne point agir en aveugle et arriver à se former une opinion exacte sur le rôle que doit jouer le sel en agriculture comme engrais inorganique.

Que doit-on conclure, d'après cela, des résultats négatifs obtenus en Angleterre? *rien de significatif.*

En terminant, je rapporterai quelques citations d'auteurs anciens qui prouvent que, il y a quinze cents ans et même plus de deux mille ans avant notre ère, on avait déjà des idées assez justes sur l'emploi du sel en agriculture.

Caton, qui vivait deux cents ans avant notre ère, conseillait d'arroser la paille de blé avec de l'eau salée pour lui donner de la qualité comme fourrage. On ne savait pas, à cette époque, que la paille renfermait 70 pour 100 de silice et ne pouvait constituer un bon fourrage; mais l'expérience avait appris qu'en y ajoutant du sel le bétail s'en accommodait et qu'elle était de facile digestion.

Columelle et Varron ont également préconisé l'usage du sel comme condiment ajouté à la nourriture du bétail.

Pline rapporte que les Assyriens en mettaient au pied des palmiers pour leur faire rapporter des fruits.

Enfin le pape saint Grégoire le Grand, qui prit possession du trône pontifical en 590, dit, dans sa dix-septième homélie, que l'usage d'employer le sel dans les étables venait probablement des Romains; usage qui consistait à mettre devant les animaux du sel en roche, afin de le faire lécher à loisir, comme cela se pratique encore aujourd'hui en Angleterre et dans les lieux où l'on se procure le sel gemme à bon marché.

Il serait bien étonnant que, depuis plus de deux mille ans, on eût conservé l'habitude de donner du sel au bétail dans leur alimentation en suivant les mêmes prescriptions, si l'expérience n'eût pas prononcé favorablement; mais, quand des usages se perpétuent d'âge en âge, en traversant des siècles civilisés, il faut regarder à deux fois avant de chercher à les proscrire, surtout quand on n'apporte pas, pour les combattre, des raisons péremptoires qui captent tous les suffrages.

La question, analysée comme je viens de le faire, donne gain de cause, je l'espère, aux anciens, et doit engager les modernes à l'étudier sous tous les points de vue, en suivant la marche que je viens d'indiquer, avec la presque certitude d'arriver à une solution dont l'agriculture n'aura qu'à se féliciter.

RÉSUMÉ DE LA RÉPONSE

de M. Becquerel

AUX OBSERVATIONS QUI ONT ÉTÉ PRÉSENTÉES PAR DIVERS MEMBRES,

TOUCHANT L'EMPLOI DU SEL EN AGRICULTURE.

La discussion qui a eu lieu dans le sein de la Société m'engage plus que jamais à persévérer dans la voie que j'ai suivie jusqu'ici ; aussi continuerai-je à étudier la question de l'emploi du sel en agriculture sous le point de vue scientifique, comme étant le moyen le plus direct pour arriver à formuler des règles pratiques capables de guider sûrement le cultivateur. Les relevés statistiques, les documents recueillis en voyageant à l'étranger et non accompagnés de résultats analytiques, ainsi que les vues théoriques qui ne reposent pas sur des principes avoués par la physique, la chimie et la physiologie, ne sauraient conduire à la solution de cette importante question. Je partage donc à cet égard la manière de voir de notre confrère M. Chevreul, dont l'esprit éminemment philosophique lui a permis souvent d'arriver à la vérité en devançant l'expérience. En répondant aux observations qui ont été faites, j'exprimerai mon opinion en termes clairs et précis, parce que je crois être dans le vrai chemin.

Dans les expériences dont on a rapporté les résultats, rien n'indique qu'on ait pris en considération les quantités de sel contenues dans les terres et dans les fourrages, quantités qui sont quelquefois assez considérables, comme je l'ai démontré, pour que l'on ne soit pas dans l'obligation d'en ajouter de nouveau soit à la terre, soit à la nourriture du bétail. Qui sait si les localités où elles ont été faites ne se trouvaient pas dans ce cas-là?

Nous a-t-on fait connaître aussi les proportions de sel répandues sur la terre et celles qui restent après son lavage par les eaux pluviales, ainsi que la nature du sol qui exerce une grande influence sur l'action du sel? nous a-t-on dit aussi si l'on a employé le sel sans engrais organique, comme on l'a fait dans un grand nombre de localités? non certes. La discussion manquait dès lors de bases : où peut-elle conduire? je vous le demande, messieurs ; à rien de concluant touchant l'emploi du sel en agriculture.

La marche à suivre est dictée par la raison : il faut déterminer, au préalable, les maxima et les minima de teneur en sel que doivent renfermer les différents sols et les divers fourrages, suivant les climats, et au delà desquels cette substance exerce une action nuisible ou nulle soit comme engrais inorganique, soit comme condiment indispensable à la nourriture du bétail ; à moins, toutefois, que l'on ne veuille admettre *à priori* que la soude ne soit pas nécessaire à la formation du sang et à celle de divers fluides animaux. Autant vaudrait dire aussi que la silice n'est pas indispensable à la constitution de la paille de froment, l'acide phosphorique, la potasse ou la soude, ainsi que la magnésie à celle des graines des mêmes céréales ; ce sont là, au surplus, des questions jugées sur lesquelles je ne reviendrai pas.

M. Boussingault, comme je l'ai déjà dit, est le seul qui ait pris en considération, dans ses expériences, les quantités de sel contenues naturellement dans les fourrages dont il nourrissait son bétail ; aussi, après avoir trouvé que la ration journalière de sel ajoutée à l'alimentation ne contribuait en rien à augmenter le poids vivant, il s'est bien gardé d'en conclure que le sel n'exerçait aucune action physiologique. Voici comment il s'exprime à cet égard (*Annales de physique et de chimie*, t. XIX, p. 2, nouvelle série) :

« La nullité d'action du sel ajouté à la ration sur la pro-

« duction du poids vivant est un fait qui semble en opposition avec le principe physiologique qui admet que la soude est essentielle à l'organisme, et, par conséquent, indispensable dans l'alimentation ; mais il faut remarquer que, si l'on est généralement d'accord sur la nécessité de la présence de la soude dans les aliments, on ignore encore la limite de la dose à laquelle ce sel deviendrait insuffisant. Or cette dose peut être telle que la proportion du sel marin, qui fait partie, comme chacun sait, des substances minérales contenues dans les aliments, soit suffisante et au delà pour satisfaire aux exigences de la digestion, surtout quand on n'a pas, comme dans l'engraissement, à surexciter l'appétit.

Or les fourrages d'Alsace renferment une telle proportion de sel marin, que les taureaux du poids de 150 kilog. en trouvent dans leur ration journalière 12 grammes. M. Boussingault en a tiré la conséquence que cette dose était suffisante pour de jeunes taureaux, et qu'une nouvelle addition ne contribuerait en rien à l'augmentation du poids vivant; les vaches laitières trouvent dans leur nourriture journalière 46 grammes de sel. Néanmoins on donne encore du sel au bétail à Bechelbronn pour le maintenir en bonne santé; si tous les expérimentateurs eussent suivi l'exemple donné par notre confrère, bien certainement la question de l'emploi du sel comme condiment ajouté à l'alimentation du bétail serait résolue pour les espèces bovines et ovines, et l'on n'aurait pas entendu émettre des opinions aussi divergentes que celles qui ont été exposées dans le sein de la Société. Les résultats obtenus par M. Boussingault ont un caractère scientifique qui dissipe tous les doutes et indique en même temps la route à suivre pour arriver à la vérité.

En Angleterre, pas plus qu'en France et dans d'autres pays, cet exemple n'a été suivi, et cependant, comme M. Chevreul vous l'a dit, dans les îles Britanniques le sol et les fourrages sont salés, mais à quelle dose, nous l'ignorons. Je n'ai rien vu, dans les ouvrages publiés chez nos voisins, qui puisse faire supposer que l'on s'y soit occupé de cette question, à l'exception, toutefois, de Davy, qui s'est exprimé, à cet égard, en ces termes, dans sa chimie agricole : *Presque tous les champs de l'Angleterre contiennent une quantité suffisante de sel pour les besoins de la végétation ;* mais je dois dire qu'il n'a fait aucune détermination de contenance en sel.

J'ajouterai toutefois que, en s'occupant de recherches électrochimiques, Davy a été conduit à constater la présence du sel dans quelques-unes des roches des îles Britanniques : 1° dans un marbre grenu des plus hautes montagnes primitives de Donegall ; 2° dans les schistes argileux de Cornouaille ; 3° dans la serpentine du cap Lézard ; 4° dans le grauwake du nord de la province de Galles (*Annales de chimie*, t. LXIII, p. 88).

Ces divers exemples viennent à l'appui de ce qu'il avait dit, savoir que presque tous les champs de l'Angleterre contiennent du sel, puisque les montagnes elles-mêmes en renferment. M. Chevreul a trouvé également du sel dans les roches amphiboliques des environs de Nantes. On conçoit très-bien qu'il en soit ainsi en Angleterre, ainsi que dans nos provinces maritimes où les vents du S. O. sont si fréquents, surtout dans la première contrée ; ces vents, en rasant la surface de la mer, enlèvent continuellement des gouttelettes d'eau salée qu'ils transportent au loin dans l'intérieur des terres. Ces gouttelettes, quand elles ont perdu leur vitesse de projection, se déposent sur les montagnes, les arbres, les végétaux et le sol, et les entretiennent ainsi dans un état de salure continuel ; or, quand on songe qu'un millième de sel qui se trouve constamment dans un sol suffit pour que le fourrage sec en contienne trois millièmes, c'est-à-dire environ 30 grammes pour une ration journalière de 10 kilog., il ne serait donc pas étonnant qu'en Angleterre, dans les localités où l'on a donné du sel au bétail sans succès, il s'en trouvât naturellement dans le fourrage une dose suffisante pour l'accomplissement des phénomènes physiologiques.

Mes observations relativement aux objections qui ont été

faites contre l'emploi du sel comme engrais inorganique sont du même ordre ; il ne saurait en être autrement, puisqu'elles découlent du même principe.

Pour se hasarder à traiter cette question, il faut commencer par établir les rapports qui peuvent exister entre la contenance en sel des sols, la nature, l'abondance et la qualité des végétaux qui y croissent naturellement ou qui sont l'objet d'une culture spéciale. On doit en même temps comparer les produits obtenus avec ceux récoltés dans les mêmes sols non salés. De la comparaison résultent deux choses :

1° La connaissance des végétaux qui se plaisent le mieux dans une terre renfermant plus ou moins de sel ;

2° L'influence de telle ou telle du sel sur la quantité et la qualité des végétaux crus naturellement ou cultivés dans ces mêmes terrains.

Cette marche est précisément celle que j'ai suivie et que je continuerai à suivre, parce que c'est la seule, la seule, je le répète, qui puisse conduire à la vérité, et personne, j'ose le croire, n'essayerait de me prouver le contraire. Il ne suffit pas de venir déclarer, sur l'autorité de telle ou telle personne, que le sel est sans action sur la végétation ainsi que dans l'alimentation du bétail en général ; il faut nous faire connaître encore si, dans son emploi, on a eu égard à toutes les causes que j'ai signalées et dont la connaissance est indispensable pour l'intelligence du sujet. De nouveaux développements à cet égard ne seront pas sans intérêt pour la Société.

On a posé, en principe, que le sel n'agissait qu'exceptionnellement en agriculture, soit comme engrais inorganique, soit comme condiment. Dans le premier cas, a-t-on dit, son action est, en général, nulle ; dans le second, elle n'agit que comme substance médicamenteuse : ce jugement, heureusement, n'est pas sans appel. Indépendamment des raisons que j'ai fait valoir précédemment pour le combattre, et qui me paraissent prérernptoires, il y en a d'autres auxquelles mes honorables adversaires n'ont point fait attention et que je vais leur indiquer.

Les expériences de M. Girardin et les miennes ont prouvé que le sel, suivant la proportion où il se trouve dans la terre, agit pour augmenter la production en paille ou en grains. A-t-on eu égard à cette considération? non. On n'a point fait attention non plus que le sel tend à rendre la terre plus apte à conserver de l'eau hyposcopique, c'est-à-dire à rester plus longtemps fraîche.

Les expériences de notre confrère M. Chevreul ont montré que le sel développe dans les légumes un arome qui flatte agréablement le goût chez l'homme et modifie leurs propriétés physiques de manière à les rendre plus comestibles. N'est-il pas permis d'en inférer que cette substance doit agir de même à l'égard des fourrages qui servent à la nourriture du bétail?

A-t-on cherché à s'en assurer? Je répondrai encore, non. De toutes parts, je vois absence de principes fondamentaux, sans lesquels il est impossible d'analyser la question pour arriver à sa solution.

On m'a objecté que cette question, envisagée comme je viens de le faire, rendait très-difficile la rédaction d'instructions à adresser aux agriculteurs sur l'emploi du sel. Je n'en disconviens pas; mais je vous le demande, messieurs, formez-vous une Société d'agriculture purement pratique, un comice agricole, ou bien une Société d'agriculture scientifique et pratique? Dans le premier cas, vous devez vous borner à donner des règles empiriques, des notions générales sur le mode d'action du sel et sur son emploi; dans le second, votre devoir est de mettre la question à l'étude pour la traiter à nouveau, si je puis m'exprimer ainsi, et de rédiger des instructions dégagées de toutes idées théoriques, statistiques, politiques ou administratives, instructions ne reposant que sur des vérités reconnues comme telles par la physique, la chimie et la physiologie. En suivant cette marche, soyez-en bien convaincus, vous remplirez dignement votre mission, et vous ne courrez pas la chance d'induire en erreur les agriculteurs, comme vous le feriez probablement en vous prononçant, dès à présent, pour ou contre l'emploi du sel, d'après de simples indications ou des faits qui n'auraient point été vérifiés par des membres de la Société la balance à la main.

Autre objection à laquelle je dois répondre également : on m'a dit que mon plan mettait les agriculteurs dans la nécessité de déterminer, par l'analyse, les quantités de sel qui se trouvent ordinairement dans la terre et dans les fourrages, avant d'en ajouter aux fumiers et à la nourriture du bétail dans les proportions jugées nécessaires. Cela est vrai, mais cette détermination est facile, elle peut être faite par tous les pharmaciens de province; une fois connue, on n'aurait plus à s'en occuper de longtemps. J'ai employé ce mode quand je n'ai pu opérer moi-même sur les lieux, et je m'en suis bien trouvé.

On m'a demandé s'il ne serait pas possible de diviser le sol agricole de la France en zones, dont la terre de chacune d'elles aurait sensiblement la même teneur, ainsi que les fourrages qu'elle produirait. Il est difficile de répondre à cette question, attendu, d'une part, que la nature du sous-sol, suivant qu'il est perméable ou imperméable, influe singulièrement sur les quantités de sel qui restent dans le sol après le lavage par les eaux pluviales, et, de l'autre, que ce sous-sol varie souvent de nature d'un lieu à un autre peu éloigné.

On a dit encore que le carbonate de soude ou de potasse était probablement plus favorable à la végétation que le sel marin ; mais on a oublié que les plantes qui croissent dans les prés ou marais salés prennent la soude au sel, et que cette dernière substance, en présence du carbonate de chaux et d'une quantité d'eau suffisante pour permettre le jeu des affinités, donne naissance à du chlorure de calcium et à du carbonate de soude.

On admet, au surplus, que la potasse et la soude, quel que soit l'acide avec lequel ces bases sont combinées, sont des éléments indispensables au développement des plantes; mais, quand ces éléments sont combinés avec l'acide carbonique, ils agissent immédiatement avec plus d'énergie; c'est un fait qui ne saurait être mis en doute, car on a constaté depuis longtemps que l'on obtient d'excellents effets en arrosant des gazons avec une lessive alcaline, même quand le sous-sol est bien pourvu de terreau et d'azote.

Je ferai remarquer encore que la végétation de l'herbe est admirable dans les contrées granitiques où les roches sont en décomposition, lors même qu'il n'y a qu'une légère couche de terre végétale. Cette richesse de végétation vient de ce que le feldspath, un des éléments du granit, contient 12 à 16 pour 100 de potasse ou de soude qui est enlevée par les actions combinées de l'eau et de l'air. La Limagne doit sa fertilité à cette cause.

M. Malaguti, dans ses *Leçons de chimie agricole* (p. 104), professe les mêmes doctrines que moi à l'égard des alcalis et du sel; voici comment il s'exprime : « Les agriculteurs ne « sauraient porter trop d'attention sur la dose d'alcali, potasse ou soude que renferment leurs terres; car cette connaissance peut les diriger utilement dans les modifications « qu'ils doivent faire subir aux engrais qu'ils enfouissent. « Si jamais le sel marin (sel à base de soude) devenait d'un « emploi plus accessible, il serait bon que les agriculteurs « se préoccupassent sérieusement de la quantité des alcalis « contenus dans leurs terres; car il est évident que les « terres riches en alcalis ou en sel marin ne ressentiraient « pas un avantage aussi marqué de l'emploi de cette substance que les terrains qui en sont très-pauvres ou totalement dépourvus. »

Je prie la Société de remarquer que je n'ai pas tenu d'autre langage depuis que je m'occupe de l'emploi du sel comme engrais inorganique.

Je m'arrête, messieurs, parce que je crois avoir répondu péremptoirement aux objections qui m'ont été faites touchant l'emploi du sel en agriculture. C'est à vous maintenant à vous prononcer; quant à moi, je continuerai mes expériences suivant le plan que je vous ai exposé, jusqu'à ce que la question soit résolue et que je puisse formuler des règles pratiques que je répandrai en France le plus qu'il me sera possible, dussé-je y sacrifier encore plusieurs années d'étude.

DEUXIÈME RÉPLIQUE

de M. Becquerel.

Mon confrère et ami, M. Milne-Edwards, n'a point envisagé, suivant moi, sous leur véritable point de vue, différents faits signalés dans la discussion. La question qui nous occupe est tellement importante, que je considère comme un devoir de fournir à la Société tous les documents qui peuvent servir à l'éclaircir. Je lui montrerai en même temps de quelle importance est la connaissance des faits de détail, pour l'interprétation du phénomène principal.

J'ai avancé, dans la dernière séance, qu'on avait fait, en Angleterre, un emploi irréfléchi du sel comme engrais inorganique, attendu qu'on l'avait répandu souvent sur la terre, comme s'il devait remplacer un engrais organique; je vais le prouver en m'appuyant sur des documents tirés d'un ouvrage anglais, favorable à l'emploi du sel, et qui était à la quinzième édition en 1847, preuve du succès qu'il avait obtenu au delà de la Manche; cet ouvrage a pour titre, *Observations sur l'emploi du sel en agriculture et en horticulture avec des conseils fondés sur l'expérience, par Cuthbert William Johnson.*

Voici ces documents :

Froment.

Produit par acre (40 ares 40).

N° 1. Sol sans aucun engrais pendant quatre ans, 13 boisseaux (le boisseau est de 36 litres).

N° 2. Sol fumé avec du fumier d'étable à la précédente récolte (pommes de terre), 26 boisseaux.

N° 3. Sol fumé avec 5 boisseaux de sel par acre sans autre engrais pendant 4 ans, 26 boisseaux.

N° 4. Sol fumé avec 15 voitures d'étable, 17 boiss. 5.

N° 5. Sol fumé avec 14 boisseaux de sel, immédiatement après les semailles, 36 boiss. 5.

Orge et avoine.

Sol sans engrais par acre, 30 boisseaux.

Sol fumé par 16 boisseaux de sel en mars, 51 boisseaux.

Pommes de terre (sol léger et graveleux).

1° Sol sans aucun engrais, 120 boisseaux.

2° Sol fumé avec 20 boisseaux de sel dans le mois de septembre précédent, 192 boisseaux.

3° Sol fumé avec du fumier d'écurie au temps de la plantation, 219 boisseaux.

4° Sol fumé avec du fumier d'écurie et 20 boisseaux de sel, 234 boisseaux.

5° Sol fumé avec 40 boisseaux de sel seul, 20 en septembre et 20 après les semailles, 192 boisseaux.

6° Sol fumé avec 40 boisseaux de sel comme dans la précédente expérience, et, de plus, avec du fumier d'écurie, 44 boisseaux.

J'ai rapporté ces onze résultats, non pas parce qu'ils sont favorables à l'emploi du sel, mais uniquement pour montrer que, dans les expériences sur la culture du froment, de l'orge et de l'avoine, on a comparé les produits obtenus, dans une terre fumée avec du fumier ordinaire, à ceux qu'a donnés une terre fumée avec du sel seulement. En France, en général, on n'en a pas agi autrement ; je citerai particulièrement M. Daurier, qui a publié un très-long travail sur l'emploi du sel en agriculture et dans lequel on peut s'assurer du fait.

Existe-t-il, comme le pense M. Milne-Edwards, un rapport entre la teneur en sel du sol et celle des végétaux qui y croissent naturellement ou qu'on y cultive, de manière à pouvoir en déduire l'une en fonction de l'autre? Cela n'est pas possible, comme vous allez le voir.

Le sel, comme je l'ai prouvé, agit de deux manières sur les végétaux : 1° il leur fournit de la soude, élément indispensable à leur constitution, et qui ne saurait être enlevé par les eaux pluviales et le travail incessant de l'excrétion ; 2° il s'introduit en proportions variables dans leurs tissus, sur les fonctions desquels il intervient ; il s'y trouve en proportions variables, parce qu'une partie est expulsée avec les matières excrétées ou est enlevée par la pluie. Dans le mémoire que j'ai présenté, en 1847, à l'Académie des sciences, je me suis exprimé à cet égard comme il suit :

« Les plantes prennent continuellement du sel au sol « par l'intermédiaire de l'eau aspirée par les racines ; on se « demande si la quantité de sel absorbée n'atteint pas, au « bout d'un certain temps, une limite au delà de laquelle « les plantes doivent dépérir. Ce sel, n'étant point assimilé « aux organes de la plante, doit être excrété quand il est en « excès. Si l'atmosphère est dans un grand état de séche- « resse, le sel excrété reste sur les feuilles et concourt à leur « désorganisation, et, par suite, au dépérissement de la « plante. Dans le cas contraire, c'est-à-dire si le sol est hu- « mide, ainsi que l'air, le sel est enlevé par les eaux, et les « plantes ne sauraient en souffrir. L'expérience prouve ef- « fectivement que les eaux peuvent enlever continuellement « le sel qui se trouve dans les plantes venues dans un sol « salé..... Il est à croire que les pluies fréquentes enlèvent « une portion du sel absorbé et en laissent néanmoins en- « core des quantités notables. »

Il y a d'autres motifs encore qui s'opposent à ce que l'on puisse admettre que le sol renferme d'autant plus de sel qu'il est plus rapproché des côtes de la mer. Ces causes sont la nature du sous-sol et l'inclinaison du terrain : plus le sous-sol est perméable et plus le terrain est incliné, plus les eaux pluviales enlèvent le sel soit en s'infiltrant, soit en s'écoulant dans les parties basses. Il est donc impossible d'établir un rapport même approché entre les quantités de sel renfermées dans des terres situées à différentes distances de la mer. On voit donc qu'il n'existe pas de rapport constant entre la quantité de sel qui se trouve dans le sol et celle contenue dans les végétaux qu'il produit, à une époque quelconque de leur développement ; on ne doit donc pas l'invoquer pour prouver qu'une terre a plus ou moins de sel dans un rapport déterminé, par cela même que les végétaux qui y croissent ont telle ou telle teneur. On peut expliquer ainsi pourquoi des plantes venues dans des terrains salés, sous un climat humide et où la végétation est vigoureuse, renferment moins de sel que celles crues dans une terre moins salée et dont le climat est sec ; pourquoi aussi il arrive quelquefois, comme M. Braconnot l'a reconnu, que du froment venu en terrain salé ne renferme pas de traces de sel, quoiqu'il en contienne ordinairement de très-petites quantités.

M. Milne-Edwards, tout en convenant que le sel peut fournir de la soude aux végétaux, a avancé qu'un grand nombre d'entre eux donnant à l'analyse plus de potasse que de soude et absorbant, par conséquent, une plus forte proportion du premier alcali que du second, le sel marin ne pouvait leur être d'aucune utilité ou du moins d'une utilité secondaire. Notre confrère décide là, sans discussion, une question très-délicate, celle qui est relative à la substitution de la soude à la potasse, et *vice versâ*, dans la composition des plantes. Je demande la permission à la Société de lui rappeler ce que j'ai dit dans mon mémoire concernant cette substitution.

On sait que les *salsola* cultivés dans une terre privée de sel marin cessent de prendre de la soude pour s'assimiler de la potasse. Cadet a prouvé effectivement que la graine de *salsola kali*, semée dans de la terre ordinaire, donne une plante qui renferme de la potasse et de la soude; la graine de la nouvelle plante en produit une autre qui ne contient que des sels de potasse avec des traces seulement de sels de soude; après trois générations, la substitution de la potasse à la soude est complète.

On sait aussi que les plantes à potasse, les céréales elles-mêmes, cultivées dans un terrain qui contient seulement du chlorure de sodium, prennent de la soude, au lieu de potasse (Gasparin, *Cours d'agriculture*, t. I, page 105). Dans les deux cas, on obtient de belles récoltes quand on a réuni toutes les conditions exigées pour une bonne culture.

M. de Gasparin rapporte également que la *salsola tragus*, qui remonte très-haut dans la vallée du Rhône, se montre aussi vigoureuse que près de la mer, quoiqu'elle ne contienne plus que de la potasse. Ces exemples, qui ne suffisent pas néanmoins pour prouver que, dans tous les cas, la soude peut remplacer la potasse, montrent cependant que, très-fréquemment, et surtout à l'égard des céréales, cette substitution peut avoir lieu sans nuire au développement de la végétation.

Notre confrère a dit qu'en cherchant l'action du sel sur la végétation je m'occupais d'une chose utile à la physiologie végétale; mais je le prie de ne pas me faire une part aussi restreinte; je m'attache non-seulement à résoudre cette question, mais encore à déterminer les quantités de sel qu'il faut employer, dans des conditions diverses, pour obtenir les effets les plus avantageux, non-seulement dans la végétation, mais encore dans l'alimentation du bétail.

M. Milne-Edwards a avancé que M. T. de Saussure ayant trouvé que les végétaux absorbent indistinctement toutes les substances qui se trouvent en dissolution dans l'eau en contact avec les racines, il n'est pas étonnant que le sel, dans des terrains salés, soit absorbé en plus forte proportion que les autres substances dissoutes ; mais les choses ne se passent pas ainsi (*Journal de physique*, t. LI, p. 9). Voici les faits tels qu'ils ont été observés par cet habile chimiste :

1° Les plantes aspirent l'eau dans une plus forte proportion que les matières dissoutes : elles prennent constamment plus de sels alcalins que de sels calcaires ; cela est significatif.

2° Les substances toxiques pour les plantes, telles que le sulfate de cuivre, sont absorbées en plus forte proportion, sans doute, ajoute-t-il, parce que, ce sel désorganisant les spongioles, l'absorption doit se faire avec plus de vitesse et en plus grande abondance.

Je rapporte ci-après les résultats obtenus par M. de Saussure en faisant végéter des plantes dans des dissolutions contenant deux ou plusieurs sels. Chaque sel s'y trouve dans la proportion de 0 gr. 637 de sel pour 793 gr. d'eau. L'eau contenait donc de 0 gr. 0016 à 0 gr. 0014 de sel. La quantité du sel dissous est représentée par 100 dans chaque dissolution.

SUBSTANCES dans les dissolutions soumises à l'expérience.	POIDS DES SUBSTANCES prises par les plantes en aspirant la moitié de la dissolution	
	par le polygonum.	par le bidens.
100 parties en poids.		
Sulfate de soude effleuri	12	7
Chlorure de sodium	22	20
Sulfate de soude effleuri	12	10
Chlorure de potassium	17	17
Acétate de chaux	8	5
Chlorure de potassium	33	16
Azotate de chaux	4	2
Chlorhydrate d'ammoniaque	16	15
Acétate de chaux	31	35
Sulfate de cuivre	34	39
Azotate de chaux	17	9
Sulfate de cuivre	34	56
Sulfate de soude	6	13
Chlorure de sodium	10	16
Acétate de chaux	traces.	traces.
Gomme	26	21
Sucre	34	46

Les résultats consignés dans ce tableau conduisent à cette

conséquence remarquable que les chlorures de potassium et de sodium sont toujours les sels qui sont absorbés en plus forte proportion ; les végétaux, du moins ceux qui ont été soumis à l'expérience, ont donc une prédilection particulière pour les chlorures alcalins.

Les quantités de sels qui restent dans la plante après l'absorption ne représentent pas, comme le pensait M. de Saussure et comme le croit M. Milne-Edwards, toutes celles qui ont été absorbées, attendu que le pouvoir excréteur expulse des végétaux les substances qui ne lui conviennent pas, et une partie de celles qui lui conviennent et qui sont en excès. Voilà encore un motif pour qu'on ne puisse établir une relation immédiate entre la quantité de sel qui se trouve dans un sol et celle qui est contenue dans un végétal.

On m'a reproché de n'avoir pas séparé, dans mes analyses, le chlorure de sodium du chlorure de potassium ; cela est vrai, j'en ai agi ainsi toutes les fois que cette distinction n'était pas nécessaire ; mais, quand elle m'a paru indispensable, je l'ai faite, comme on peut le voir dans mon *Traité des engrais*, p. 222. Au surplus, je vais en citer un exemple.

On a vu, précédemment, qu'une partie du sel absorbé pouvait être enlevée par le travail incessant de l'excrétion et par les eaux pluviales : quant à la partie restante, elle est tellement incorporée dans les tissus des végétaux, ou, pour mieux dire, renfermée dans les cellules, qu'elle ne peut plus être enlevée ; elle est alors fixée. Pour mettre ce fait en évidence, j'ai pris des feuilles de nénufar qui flottent à la surface de l'eau, et des roseaux qui plongent constamment dedans ; je les ai incinérés et j'en ai analysé les cendres. Voici les résultats que j'ai obtenus.

Feuilles de nénufar.

Feuilles séchées à 100°.		33 gr.
— incinérées.		3
Parties solubles.	0,816	3
Parties insolubles.	2,184	

Parties solubles.

Chlorure de potassium.	0,275	0,810
Carbonate de potasse.	0,305	
Sulfate de potasse.	0,190	
Chlorure de sodium.	0,040	

Parties insolubles.

Ces parties sont composées presque entièrement de carbonate de chaux.

On voit par là que les feuilles de nénufar desséchées à 100° renferment 0,0094 de leur poids de chlorure de sodium et de potassium que les eaux ne sauraient enlever à la plante vivante.

Roseaux.

Roseaux desséchés à 100°.		25 gr.
— incinérés.		2,05
Parties solubles.	0,840	2,05
Parties insolubles.	1,21	

Parties solubles.

Chlorure de potassium.	0,405	0,834
Carbonate de potasse.	0,301	
Sulfate de potasse.	0,091	
Chlorure de sodium.	0,057	
Parties insolubles composées, en très-grande partie, de carbonate de chaux.		1,210
		2,044

Les roseaux séchés à 100° renferment donc 0,017 de leur poids des deux chlorures alcalins.

Ces résultats nous montrent encore que les parties solubles entrent pour plus d'un tiers dans la composition des cendres des feuilles de nénufar et pour plus de moitié dans celle des roseaux. On voit par là que les sels incorporés dans les tissus de ces plantes sont tellement identifiés avec la matière organique, que l'action incessante de l'eau qui les entoure ne parvient point à les enlever. Ce qui a lieu à l'égard des feuilles de nénufar et des roseaux doit se rencontrer également à l'égard des céréales et des plantes fourragères.

En résumé, je ne vois aucun motif pour modifier en quoi que ce soit les principes que j'ai exposés devant la Société sur l'emploi du sel en agriculture. Mon mémoire et les deux réponses aux objections qui m'ont été adressées devant être imprimés, les agriculteurs seront à même de vérifier par l'expérience si ces principes sont exacts ou non. Voilà comment il faut en agir quand on traite une question d'intérêt général; tout doit être clair, net et précis, afin que chacun puisse vérifier les faits sans difficulté; je ne conçois pas autrement l'intervention des sciences en agriculture et dans l'industrie. Je suis cette méthode depuis cinq ans dans les conseils que je donne à l'une des plus grandes usines de France à laquelle je suis attaché, et je ne pense pas que l'on ait à me reprocher d'avoir occasionné la moindre dépense en frais infructueux tentés sur une grande échelle.

Paris, ce 18 avril 1849.

BECQUEREL.

CONSIDÉRATIONS

SUR

L'EMPLOI

DU SEL EN AGRICULTURE,

par M. Bouchardat.

La question de l'emploi du sel en agriculture est une des plus grandes, des plus importantes qui puissent être actuellement agitées devant la Société nationale et centrale ; c'est donc avec une grande satisfaction que je l'ai vue soulevée par la proposition de M. Payen de demander aux correspondants de la Société des expériences précises sur ce sujet.

Malgré les difficultés de la situation, l'impôt du sel vient d'être considérablement réduit ; le moment est donc venu, pour les agriculteurs, d'entrer dans une bonne voie expérimentale sur l'opportunité et les conditions d'emploi de cet agent dont on a depuis si longtemps et avec tant d'insistance demandé la franchise.

Ceux qui pourraient penser que la question est résolue sans conteste, nous les renverrions aux résultats nombreux et si peu encourageants qui ont été recueillis en Angleterre, qui vous ont été communiqués par M. Milne-Edwards et que vous avez écoutés avec tant d'intérêt.

En présence de ces faits, on ne saurait méconnaître que la question de l'emploi du sel, en agriculture, a besoin encore d'être éclairée par des esprits justes et fermes ; aucune société n'est mieux placée que la nôtre pour lui imprimer une bonne direction, pour l'asseoir sur une base physiologique et expérimentale, qui, seule, peut conduire à des résultats définitifs.

M. Chevreul en précisant le rôle du sel dans les êtres organisés vivants, M. Boussingault en dosant le sel des aliments et en donnant le moyen de fixer, par des expériences irréprochables, la quantité qui est utile aux animaux, M. Becquerel en traitant cette grande question sous toutes ses faces avec une ardeur que trente ans de travaux scientifiques continuels n'ont fait qu'accroître, ont ouvert la voie qui doit conduire à la vérité.

Il faut bien se garder de croire que les résultats nuls ou contradictoires obtenus, en Angleterre, de l'emploi du sel en agriculture puissent préjuger la question pour la France. Sir H. Davy, en considérant la position insulaire de la Grande-Bretagne, n'avait pas méconnu l'influence de la présence du sel dans le sol ; il avait bien prévu que cette mer qui baigne le royaume uni sur une si grande surface devait amener du sel à une distance même assez grande et restreindre, comme on le comprend sans peine, l'emploi du sel en agriculture. En France, il existe des contrées où le sol ne contient aucune trace de sel : M. Becquerel en a trouvé dans ces conditions ; j'ai, moi-même, analysé des eaux de source où je n'ai pu découvrir la moindre proportion de chlorures. Pour notre pays, la question est donc neuve ; elle doit avoir des solutions différentes selon les lieux.

Pour mes études sur la digestion, publiées ou inédites ; dans mes recherches sur la végétation, j'ai exécuté des expériences qui se rapportent à l'emploi du sel en agriculture ; permettez-moi de vous en soumettre aujourd'hui les résultats principaux et d'en indiquer les conséquences. Je m'occuperai d'abord du rôle du sel dans la nutrition des animaux ; je réserverai, pour la deuxième partie, les considérations sur le sel considéré comme engrais inorganique.

Rôle du sel dans la nutrition des animaux.

Je considérerai successivement le sel marin comme composé de sodium, puis comme chlorure, et enfin comme chlorure de sodium.

Du sel marin considéré comme composé de sodium.

Quand on compare la composition du sang des animaux et des sucs mixtes obtenus par l'expression des végétaux, on remarque que les cendres que ces liquides fournissent sont riches en potasse pour les végétaux et en soude pour les animaux. Il existe un antagonisme très-remarquable entre l'existence de ces bases dans les deux grandes divisions des êtres organisés : chez les uns, la soude domine ; chez les autres, au contraire, c'est la potasse. On pourrait penser que cette différence si tranchée tient uniquement à ce que les végétaux trouvent plus de potasse que de soude dans les liquides qu'ils absorbent, et que les animaux, au contraire, absorbent toujours, comparativement, plus de sels de soude. Je crois que cette cause n'est point la seule qui détermine l'antagonisme remarquable sur lequel je viens d'insister.

Les végétaux, les animaux absorbent également, quoique des expériences incomplètes semblent avoir établi le contraire, les différents sels en dissolution étendue qui leur sont présentés mélangés ; les divers organes fixent les substances nécessaires à leur existence et à leur développement : celles qui ne sont point nécessaires au jeu régulier de leurs fonctions sont éliminées soit par les racines pour les plantes, soit par les organes sécréteurs pour les animaux. Je reviendrai sur cette question pour les plantes. Je vais rapporter, pour les animaux, une observation qui m'a semblé décisive. Pour apprécier le rôle de divers aliments, j'ai soumis des animaux à diverses alimentations exclusives.

Dans une expérience où j'avais éloigné avec soin le chlorure de sodium, la somme de la potasse l'emportait de beaucoup sur la quantité de soude contenue dans les aliments. Après quelque temps de cette nourriture, j'ai incinéré le sang, et j'ai trouvé qu'il était plus riche en sels de soude qu'en sels de potasse. Cette observation, dont je donnerai ailleurs les détails, semble démontrer que la potasse est plus complétement éliminée par les organes sécréteurs des animaux que la soude, et que les sels de soude sont nécessaires à leur existence. Les nombreuses expériences que j'ai exécutées, soit seul, soit avec M. Stuart Cooper, sur l'action comparée des sels de soude et des sels de potasse sur les animaux, viennent donner un nouvel intérêt à la comparaison sur laquelle je viens d'appeler votre attention ; en effet, lorsqu'on injecte dans les veines des animaux des dissolutions de sels de soude ou de potasse capables de donner la mort, on remarque qu'il faut beaucoup plus de cette dernière base que de la première pour tuer l'animal.

Dans mon mémoire sur l'action d'un grand nombre de substances sur les plantes et sur les poissons, j'ai montré que des poissons d'eau douce vivent dans des dissolutions contenant un centième de sel marin, un vingtième de sulfate de soude, et qu'ils périssent assez promptement dans des dissolutions contenant un centième de sulfate de potasse. On comprend sans peine, d'après cela, comment la soude est l'alcali normal des animaux, et, quand les aliments n'en renferment point assez, comment l'intervention du sel marin est indispensable.

Du sel marin considéré comme composé fournissant de l'acide chlorhydrique.

Dans notre premier mémoire sur la digestion, nous avons démontré, avec M. Sandras, que l'agent principal de la dissolution des matières albumineuses, glutineuses et fibrineuses était l'acide chlorhydrique à la dilution d'un ou de deux millièmes. Nous pensions d'abord que cette remarquable propriété dissolvante était particulière à cet acide. J'ai établi, dans un autre travail, que tous les acides, convenablement étendus, possédaient cette propriété, mais à un degré évidemment moins prononcé que l'acide chlorhydrique : il devait en être ainsi. J'ai, en effet, nourri un lapin avec des grains de blé complétement exempts de chlorures et de l'eau distillée pure. Il s'est très-bien trouvé de ce régime continué pendant plusieurs mois.

La suite de ces expériences m'a appris que les phosphates que les grains renferment peuvent parfaitement remplacer les chlorures pour fournir l'acide actif dans le suc gastrique ; mais il m'a paru qu'il n'en est plus de même quand les phosphates et les chlorures sont considérablement diminués dans l'alimentation : les animaux m'ont paru beaucoup en souffrir et reprendre aussitôt qu'on leur donnait du sel.

Les sels à acide organique qui sont détruits dans le sang ne peuvent remplacer les chlorures ou les phosphates. Si les aliments des animaux doivent contenir ou des phosphates, ou des chlorures, ou d'autres sels inorganiques, et si ces différents sels peuvent se remplacer pour donner de l'acidité au suc gastrique, on comprend alors comment le sel est moins nécessaire aux chevaux, qui mangent journellement de l'avoine contenant des phosphates alcalins ou terreux, qu'aux bœufs et aux moutons, auxquels on ne donne pas cette alimentation riche en phosphates.

Je pense que, pour établir rigoureusement la ration de sel indispensable aux animaux, il sera bon de tenir compte de la teneur de leurs aliments, non-seulement en sel marin, mais encore en phosphates.

Du sel marin considéré comme condiment. — Je suis convaincu que le sel marin peut être profitable aux animaux, au delà de la proportion indispensable, comme composé de chlore ou de sodium : c'est alors comme condiment qu'il est utile; mais il faudra bien se garder, disais-je il y a trois ans, d'en donner outre mesure aux animaux, car autant l'usage bien indiqué et réglé dans de justes proportions peut être salutaire, autant l'emploi intempestif et en proportions exagérées aurait d'inconvénients.

J'arrive à la partie de la question où l'utilité du sel est généralement acceptée, non-seulement en France, mais encore en Angleterre, comme nous l'a appris M. Milne-Edwards. « Il est démontré, par l'expérience de tous les agriculteurs, que des fourrages très-inférieurs refusés obstinément par les bestiaux peuvent cependant être acceptés et utilisés par eux, lorsqu'on associe ces aliments grossiers avec une proportion convenable de sel marin. Les expériences de M. Boussingault ont confirmé ce fait capital. La conséquence la plus nette qui ressorte de ce résultat, c'est que l'emploi bien entendu du sel marin aura pour effet d'augmenter la masse des subsistances, en facilitant l'élevage d'une plus grande quantité de bestiaux, puisqu'on pourra utiliser pour eux des aliments qui n'auraient aucune valeur sans cette intervention. »

J'avoue que cette considération avait fait, il y a trois ans, sur mon esprit une impression décisive. En effet, lorsqu'on considère le mouvement progressif de la population, on ne saurait attacher trop d'importance à tout ce qui peut tendre directement à augmenter la masse des *bonnes subsistances*, et rendre ainsi les disettes moins désastreuses. Il n'y a pas de meilleure réserve que les animaux vivants.

Du sel considéré comme engrais inorganique.

Nous avons vu que la soude paraissait indispensable à l'existence des animaux. Les végétaux peuvent accomplir toutes les phases de leur existence, privés non-seulement de soude, mais encore de chlore. Des expériences décisives ont prouvé que le chlorure de sodium exerçait, dans de certaines circonstances, une influence favorable sur la végétation; il est donc de la plus grande importance de les préciser avec le plus grand soin pour faire de bonnes expériences. C'est pour n'avoir point opéré de la sorte que tant d'agriculteurs ont exécuté une foule d'opérations qui ont plutôt retardé qu'avancé la question.

Le rôle du sel dans la végétation peut se rapporter au sodium qui remplacerait le potassium qui joue un rôle indispensable dans l'accomplissement régulier des fonctious de la plupart des plantes ou à l'union du chlore et du sodium; nous allons le considérer d'abord sous ce dernier point de vue.

Le chlorure de sodium paraît remplir, chez les végétaux, des fonctions accessoires importantes qui ne sont point encore bien déterminées.

M. Becquerel a découvert que, dans certaines limites, le sel marin favorisait la germination et la rendait plus certaine. Cette propriété est extrêmement remarquable. Dans une note que j'ai eu l'honneur de vous communiquer il y a deux ans (août 1847, *Répertoire de pharmacie*), j'ai rapporté des faits qui établissent que, employés isolément, le chlorure de sodium et le phosphate de chaux furent sans effet utile sur la récolte du maïs; que, réunis, leur intervention fut très-favorable.

Il se pourrait que le chlorure de sodium favorisât l'absorption et l'assimilation de certains principes inorganiques utiles aux plantes et qu'il fût ensuite éliminé. Tous les observateurs qui ont dosé les chlorures dans les plantes ont remarqué qu'ils se trouvaient très-inégalement dans les différentes parties; ils diminuent notablement dans les graines à l'époque de leur maturité; leur rôle paraît temporaire. Comme je l'ai établi dans mon mémoire sur les fonctions des racines (*Recherches sur la végétation appliquée en agriculture*, page 162), les excrétions des sels par les racines jouent un rôle important qui n'avait pas été convenablement apprécié. Un végétal qui plonge librement par ses racines dans une dissolution très étendue de plusieurs sels absorbe en même proportion toutes les substances contenues dans cette dissolution. Si M. de Saussure est arrivé à une conclusion différente, c'est que cet illustre observateur, dans les expériences qui sont encore citées comme vraies, n'agissait que sur quelques centigrammes de sel en dissolution et qu'il n'a pas tenu compte de l'excrétion qui s'effectue continuellement par les racines.

C'est donc particulièrement dans les parties vertes que l'on trouve le chlorure de sodium. Dans de certaines limites, il paraît favoriser leur développement d'une manière très-remarquable; les expériences de M. Becquerel ne laissent aucun doute à cet égard. Mais, pour cela, il faut que toutes les autres conditions favorables au développement des plantes soient réunies, puisqu'il ne joue qu'un rôle intermédiaire et accessoire. S'il n'est pas associé convenablement, son effet sera nul ou nuisible. Il faut donc, comme M. Becquerel l'a si bien montré, se garder de semer du sel dans de mauvaises terres et de croire qu'il pourra remplacer les engrais; il pourra favoriser leur action, mais non les remplacer; il est clair que l'employer ainsi, c'est perdre son argent. Je dis plus, si, dans de mauvais terrains déjà salés, on dépassait certaines limites, on les rendrait stériles ou on produirait, au moins, des effets nuisibles.

Du rôle du sel dans les végétaux considéré comme composé de sodium.

Il est bien évident que l'intervention de la potasse est des plus favorables pour augmenter la production de plusieurs de nos plantes utiles. Les sels à base de soude, et le chlorure de sodium en particulier, pourront-ils la remplacer, et dans quelles circonstances cette substitution peut-elle s'effectuer, dans quelles autres, au contraire, n'est-elle que partielle et qu'incomplète? Il y a là un grand nombre de questions du plus haut intérêt que des expériences bien faites élucideront. Je vais me borner à appeler votre attention, sous ce rapport, sur la partie de l'agriculture qui forme l'objet constant de mes études.

Parmi ces végétaux usuels, il n'en est pas qui réclament plus impérieusement l'intervention des sels de potasse que la vigne. La présence de cette base alcaline en proportion suffisante dans le sol ou dans les engrais est une des conditions importantes de sa fertilité, et il n'est pas douteux pour moi que la nécessité si coûteuse d'arracher, après vingt ans, les vignes qui ont été trop poussées à l'engrais ne provienne, en grande partie, de l'épuisement des sels de potasse qui sont habituellement fournis par la désagrégation lente des roches. Si le sel marin pouvait remplacer, pour cet usage, les sels de potasse et si l'on précisait rigoureusement les conditions de son emploi utile, on rendrait, à n'en pas douter, un signalé service aux vignerons. Si on veut bien réfléchir à l'admirable fécondité des vignes de l'île de Ré, qui sont rendues éminemment productives à l'aide de plantes et de dépôts de la mer, on pourra concevoir les espérances les plus raisonnables sur l'intervention bien entendue du sel marin dans la culture des vignes fécondes. J'ai exécuté, sous ce rapport, de nombreuses expériences en employant le sel marin, soit seul, soit associé au phosphate ou au carbonate de chaux, ou aux engrais; j'en rendrai compte à la Société.

Des conditions qui peuvent influer sur la proportion du sel qu'on peut employer comme engrais inorganique.

M. Becquerel a posé les bases de l'emploi du sel marin comme engrais inorganique, en établissant en principe la nécessité de déterminer la teneur en sel des différents sols, en montrant les limites des doses utiles ou nuisibles, et en précisant les conditions dans lesquelles ces doses peuvent être augmentées ou diminuées. Si les agriculteurs qui ont essayé le sel en grand avaient été guidés par de semblables principes, on n'aurait point à enregistrer tant de mécomptes. S'il est des sols très-riches en chlorures, il en est, par contre, qui en sont presque complétement exempts comme j'ai pu le constater expérimentalement. L'emploi du sel marin doit produire des résultats différents dans des conditions si peu semblables.

M. Becquerel a démontré que la composition du sol et que l'humidité exerçaient une influence considérable sur la proportion de sel qui pouvait être supportée ou utilement employée par les plantes. Il est une autre condition qui a encore une influence décisive dans cette question, c'est une faculté qui paraît tenir aux propriétés physiques du sol. J'ai insisté sur ce point dans mon mémoire sur l'influence du sol sur l'action des poisons sur les plantes (*Recherches sur la végétation appliquées à l'agriculture*, page 141). Voici la conclusion qui ressort des nombreuses expériences que j'ai exécutées :

« La nature du sol a une influence considérable sur l'action des substances toxiques et autres sur les plantes, et la résistance à l'action délétère est d'autant plus grande que la terre est de meilleure qualité. Des végétaux qui accomplissent toutes les phases de leur végétation, lorsque, croissant dans la bonne terre, ils sont arrosés avec une dissolution saline ou autre non décomposée par la terre, périssent souvent après quelques jours quand leurs racines plongent librement dans cette dissolution. La bonne terre fournit aux plantes non-seulement des matériaux utiles, mais elle s'oppose encore à l'absorption des principes nuisibles ; c'est à sa porosité qu'il me semble que doit être rapportée cette importante faculté. Dans toutes mes expériences, le sel marin en excès était d'autant plus nuisible que la terre était plus mauvaise. Il faudra donc, selon moi, tenir en sérieuse considération l'état physique du sol. »

Conclusion. — Tous les faits que cette grande discussion sur l'emploi du sel en agriculture a mis en lumière, nous ont montré que c'est une question beaucoup plus compliquée qu'elle ne semblait l'être au premier abord ; j'espère que les vérités qui en sortiront ouvriront la voie de bonnes expériences, utiles à la science, utiles à l'agriculture. Mais, pour cela, malgré les embarras apparents que cette détermination peut présenter, il faut doser le sel contenu dans les aliments, contenu dans le sol. Il faut suivre la marche tracée par M. Boussingault, par M. Becquerel. L'emploi de la balance est indispensable, c'est le seul moyen d'obtenir des résultats définitifs ; sans cela, tout est douteux et sujet à discussion. Il vaut mieux mettre le temps à faire de bonnes expériences que d'en exécuter d'approximatives qu'il faudra toujours recommencer.

Extrait des *Mémoires de la Société nationale et centrale d'agriculture*. — ANNÉES 1848—1849.

IMPRIMERIE DE Mme Ve BOUCHARD-HUZARD, RUE DE L'ÉPERON, 5.

www.ingramcontent.com/pod-product-compliance
Ingram Content Group UK Ltd.
Pitfield, Milton Keynes, MK11 3LW, UK
UKHW021639260726
13994UKWH00003B/1218

9 782329 424774